近距离飞行器翼面的多学科优化设计

Multidisciplinary Design Optimization for Short-Endurance Aircraft Wing

席　睿　著

国防工业出版社

·北京·

内 容 简 介

本书介绍了一种以飞行器翼面为设计对象，针对气动/结构一体化设计的多学科优化设计方法。旨在应用多学科优化技术对飞行器翼面进行考虑气动弹性影响的优化，设计出在不发生颤振危害的条件下，升阻比和重量达到整体最优的翼面结构。本书内容包括：基于计算流体力学的翼面流场数值计算方法及其验证，基于计算流体力学/计算结构动力学方法的翼面气动弹性问题研究，翼面优化代理模型的构建，翼面的协同优化算法。

本书可供从事航空航天或多学科优化方面的科技工作者阅读，亦可供高等院校航空航天、机械等工科专业师生课外参考。

图书在版编目(CIP)数据

近距离飞行器翼面的多学科优化设计 / 席睿著. —北京：国防工业出版社，2022.9
ISBN 978-7-118-12623-5

Ⅰ. ①近… Ⅱ. ①席… Ⅲ. ①短距离-飞行器-设计-研究 Ⅳ. ①V47

中国版本图书馆 CIP 数据核字(2022)第 159360 号

※

国防工业出版社 出版发行
(北京市海淀区紫竹院南路 23 号 邮政编码 100048)
天津嘉恒印务有限公司印刷
新华书店经售

*

开本 710×1000 1/16 **印张** 8½ **字数** 145 千字
2022 年 9 月第 1 版第 1 次印刷 **印数** 1—1500 册 **定价** 68.00 元

(本书如有印装错误，我社负责调换)

国防书店：(010)88540777　　书店传真：(010)88540776
发行业务：(010)88540717　　发行传真：(010)88540762

前言 PREFACE

1903 年 12 月 17 日,美国人莱特兄弟制造出了人类历史上第一架有动力可操纵的飞机,进行了载人飞行并获得成功,从此以后人类开始了现代飞行器的设计历程。从 1903 年至今这 100 多年间,飞行器设计的水平不断进步,飞行器的设计要求也越来越高。最初的要求仅仅是保障升力能够克服重力且能够操纵,但随着学科的发展和各项技术的进步,如今对各类飞行器的设计要求已经涉及飞行性能、结构强度和刚度、可靠性、隐身性、可制造性、研发制造周期、可维修性及成本等。目前的飞行器设计所涉及的学科非常多,且分工越来越精细,因此所包含的设计要求会互相影响和耦合,增加了研究的复杂度。为了解决这一问题,有必要对飞行器的研究和设计过程进行考察和研究。

在美国航空航天学会(AIAA)所出版的白皮书中将传统飞行器设计分为概念设计—初步设计—详细设计三部分,也就是先定布局,再定外形,最后定细节的设计流程。由于这样串行设计无法利用各个学科间的协同效应而忽略了学科间的影响,即使学科内的知识和经验在增长,最终也无法达到总体最优解,更遑论串行设计所带来的周期延长和成本增加。

同时随着飞行器气动计算和结构分析等学科研究的进步,学科内所发展出的分析模型精度不断提高,伴随着计算机技术的进步,各类学科分析的计算工具也越来越强大,为了发现更好的设计方案,应在飞行器的设计方法中充分利用这些高精度的模型和先进的计算程序来尽量多采用各学科的先进成果以促进总体设计过程的进步。

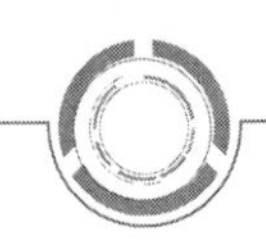

当前的飞行器设计多采用一种新的设计方法，即多学科优化设计（multidisciplinary design optimization，MDO）。MDO 是一种通过充分探索和利用工程系统中相互作用的协同机制来设计复杂系统和子系统的方法论。其主要思想是在复杂系统设计的整个过程中，利用分布式计算机网络技术来集成各个学科（子系统）的知识，应用有效的设计优化策略，组织和管理设计过程。其目的是通过充分利用各个学科（子系统）之间的相互作用所产生的协同效应，获得系统的整体最优解，通过实现并行设计，来缩短设计周期，乃至降低成本。

因此，MDO 可以通过各学科的模块化来缩短设计周期，充分考虑学科间的相互耦合来提高设计水平，与飞行器研制技术中的并行工程思想不谋而合，它实际上是用优化原理为产品的全寿命周期设计提供一个理论基础和实施方法，有利于对设计对象进行综合分析来进行多方案的评价选择，便于设计系统的集成以提高设计的自动化，方便各个学科设计要求的综合考虑。

在目前对 MDO 有所研究的应用对象中包括了各类飞行器、太空望远镜、船舶、汽车、计算机、通信、机械、医疗等，也出现了如 iSIGHT、ModelCenter 等商业软件。

近年来，我国的飞行器设计技术随着优化设计理论技术的不断完善和计算机技术的不断进步有了较大的提高，逐渐由 20 世纪 50 年代开始应用的“参数修正”法过渡到多学科间的简单综合研究，目前对于各学科间的耦合和协同的研究通过各个领域学者的努力在不断深入。

导弹作为近距离飞行器的一种，其尾翼的设计水平对其性能有重要影响。对此类翼面结构的设计涉及气动、结构、气动弹性多个领域，而以往的设计只在单一的气动或结构学科内独立优化而忽略气动弹性作用对性能参数的影响，或只考虑简单的静气动弹性影响而不考虑其动态气动弹性现象的作用。忽略这些弹性变形会影响弹翼优化设计结果的准确性，使设计的导弹弹翼在实际飞行中很难达到预期的性能。

本书作者在某型号导弹的研制过程中接触到多学科优化算法，对飞行器多学科优化理论及几个关键技术加之导弹弹翼气动弹性现象进行研究，并在此基础上发展出一套针对弹翼气动/结构一体化设计的多学科集成设计方法。本书是近年来研究工作的总结，主要内容包括对飞行器翼面进行气动优化设计时所涉及的一些飞行器 MDO 研究理论和关键技术，同时对于翼面的气动特性研究进行了详细介绍。

本书的章节安排如下。

第 1 章绪论部分对飞行器翼面设计的必要性、多学科优化设计方法和翼面气动弹性现象做出了综述,介绍了本书研究的背景、主要内容、创新点和进一步研究的方向。

第 2 章阐述了翼面气动计算所采用的计算流体力学基础,并采用该法对整个飞行器进行了定常流体计算以获取气动力计算结果,并与风洞数据进行对比。

第 3 章在计算流体力学的基础上,引入动网格和插值技术,发展出一种基于双时间步法和杂交线性多步法的流体/结构时域耦合仿真方法来对翼面进行静态和动态气动弹性仿真,并通过对国际颤振标模的仿真验证了该方案的准确性。

第 4 章针对第 2、3 章中翼面的仿真方法无法直接参与优化的问题,介绍了飞行器多学科优化中的常用代理模型技术,讨论了不同试验设计方法和近似方法的特点。通过正交试验设计取样,选取了多项式响应面、Kriging 模型和 RBF 神经网络 3 种近似方法构建了翼面学科分析的代理模型,并进行了综合评估来确定优化流程中的学科代理模型方案。

第 5 章对 MDO 分解策略进行了简介,并采用了协同优化方法对原问题进行了分解。针对协同优化方法数值计算困难进行分析并作了改进。通过一系列算例来判断遗传算法、经典优化算法和组合优化算法的性能,从而选出适合翼面优化的最有效寻优算法。提出了基于代理模型的翼面协同优化流程并在软件平台上实现了对翼面的优化。

第 6 章对所研究的飞行器翼面依据设计问题的要求完成了优化的数学模型,综合利用了第 2~5 章的研究结果提出了基于代理模型的翼面协同优化流程,并在软件平台上实现了对翼面的优化。

本书课题资助来源于河南省科技厅科技攻关项目(222102320084)、华北水利水电大学博士科研启动经费(40694 号)、华北水利水电大学 2020 校一流本科课程项目(校级华水政(2020)90)资助。

本书撰写过程中,得到了华北水利水电大学和中国科学院长春光学精密机械与物理研究所多位师生的帮助和大力支持,在此一并表示感谢。本书的撰写也得到了书中所引用文献作者们提供的学术信息的帮助,同时还有家人、朋友们的关心和支持,在此表示万分感谢!

作者

2021.9

CONTENTS 目录

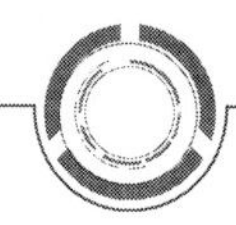

1 第1章

绪　　论

导弹是一种是现代战争用于压制和高效毁伤的飞行器。因其具有射程远、火力猛、威力大、精度高、反应快、突然打击能力强、适应野战条件、适合大批量生产等一系列优点而被世界各国重点研制。一些发达国家,特别是美国和俄罗斯,不遗余力地进行各种类型导弹的研究以保证本国在战争中的主动权。为了提高国防科技水平,采用先进技术研制更好性能的武器一直是科技工作者追求的目标。

1.1　飞行器设计背景

自新中国成立以来,我国在导弹等飞行器设计方面最初是依靠总设计师经验或参考国外已有同类技术指标和设计方案。通常是从经验出发,根据战术技术指标的要求,大致初步分配各部件的指标,各单位独立进行指标分析和论证,提出初步设计方案,之后再将各单位方案汇总到一起构成研制方案。这样的方案不仅不够优化,甚至会因考虑不周而导致工程中难以实现。在1991年美国航空航天学会(AIAA)出版的白皮书中,将传统设计过程分为图1.1所示的概念设计、初步设计和详细设计。

概念设计阶段首先确定飞行器布局主要涉及空气动力学和推进系统设计;然后由初步设计定下飞行器的外形即结构布局和分析;外形确定后再开始全面的细节设计,也就是各系统及零件的设计。3个过程是按顺序进行的,可以看出,这样将概念设计、初步设计和详细设计依次分开设计的方式会忽略很多学科间的耦合作用,不仅会丢失全局最优解,设计的周期和成本也很大[1]。

另外,由于专业分工的日益细化和考虑因素的不断增多,在设计各个环节

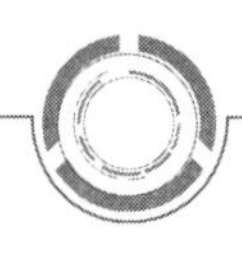

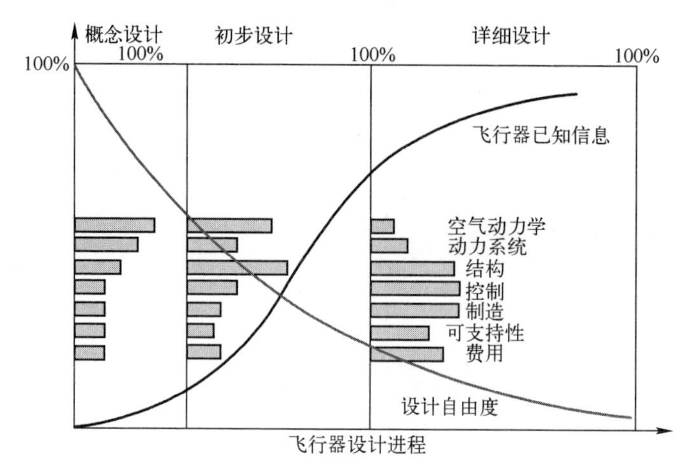

图 1.1　传统串行设计模式

中,需要让不同技术领域的专家参与进来,利用不同的知识及分析工具进行高效的协同设计。虽然目前在各个学科内理论知识的研究越来越深入,同时产生了大量的高精度和高效率的分析方法,但是由于以往的研究都是各自为政,这些先进的理论和工具都只在本学科领域内使用,在一些综合性的设计中却没有得到有效利用,使得相应的研究项目无法取得最佳成绩。

在这种需求下,从 20 世纪 80 年代起,以美国 NASA Langley 研究中心的 Sobieszczansiki-Sobieski J.等为代表的一批航空领域的科学家和工程师提出和发展了一类新的飞行器设计方法——多学科优化设计(multidisciplinary design optimization,MDO)。图 1.2 中的实线给出采用 MDO 的飞行器设计模式,可见通过适当增加概念设计阶段所占比例,能以较小的设计自由度为代价获取更多的飞行器已知信息,以缩短设计周期,提高设计质量。

尾翼作为飞行器的重要部件,其作用在于为飞行时的飞行器提供升力,保证飞行器的静稳定性。除了提供升力外,尾翼的结构强度和刚度也要符合标准以避免在飞行中产生发散、颤振等危害。同时由于现代飞行器的轻量化要求,有效减小翼面的质量对于提高导弹的毁伤能力等性能具有重要意义。

由于真实翼面是弹性结构,在飞行中翼面的气动力和结构变形存在耦合作用。目前,分别在气动和结构学科内对翼面的设计和优化技术已较为成熟,但都较少考虑气-固耦合现象,这样气动、结构分别优化所得到的结果有一定的不足。例如,气动优化和结构优化因为目标不同而选取了不同的优化变量,但事实上由于气动弹性的影响,这种刚性假设条件下,忽略翼面弹性变形的设计方

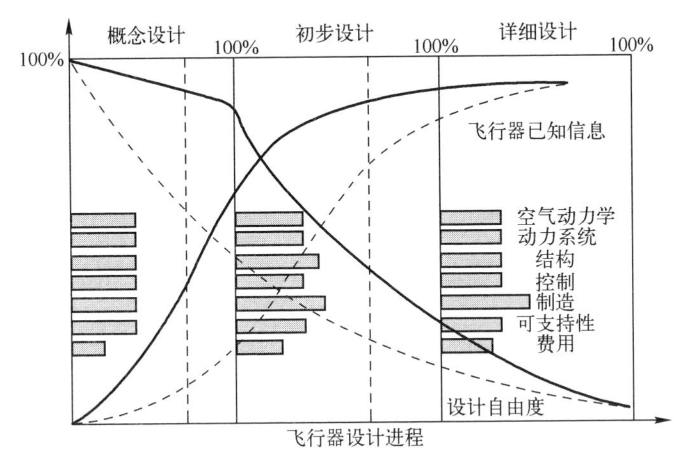

图 1.2　MDO 并行设计模式

式设计出的结构会在真实使用中出现意料之外的不良结果。对当今的设计者而言,充分考虑翼面的气动弹性特性,并使用先进的优化方法,才能协调各个学科的诉求并利用学科内最新技术使设计达到最优性能。

目前国内外已有若干针对翼面的设计以及有关气动弹性变形影响的文章[3-4]。但是这些设计要么只考虑了静态气动弹性问题而忽略了动态气动弹性如颤振这类对实际飞行危害极大的现象,要么使用的气动力分析模型较为简单而不符合实际,也只是在多学科优化的应用方面做了一些算例的简单可行性验证,却没有深入讨论气动耦合作用。

本书所研究的是一种应用多学科设计理念并充分考虑学科交叉耦合作用的设计方法,该方法不仅使用了先进的优化技术,更详细地研究了对弹翼较为准确的气动特性仿真方案以及气弹效应对设计的影响,对设计出性能更为优异的弹翼,进而提高飞行器的设计水平有指导意义。

1.2　多学科设计优化简介

1.2.1　多学科设计优化的发展历史及现状

多学科设计优化技术是从航空航天设计领域率先发展起来的一门新兴学科,以提高产品性能、缩短设计周期和降低研制成本为目的,研究产品全生命周期的并行设计,是目前飞行器总体设计领域先进技术的代表。

多学科设计优化的研究起源于20世纪70年代,在20世纪80年代发展为一个单独的研究领域。以Jaroslaw Sobieszczanski-Sobieski和IlanKroo为代表的一批航空领域的科学家和工程技术人员在20世纪80年代,陆续提出了对复杂系统进行设计的优化方法,它指出当时航空设计通行的各系统序列设计方法有可能忽视了系统间的耦合,所得到的设计结果难以达到最优,并针对这种情况提出了各学科并行设计的概念。随着时间的推移,这些思想不断地在理论发展和应用中完善,逐步形成了现在的多学科设计优化体系。

MDO提出之后,迅速在航空航天和其他领域得到广泛应用,至20世纪90年代,MDO不仅在理论研究上取得更多进展,更是在工程中得到了实际应用。美国、日本、韩国、印度等国家分别提出了相应的研究成果。这些成果涵盖了航空、航天、汽车等众多行业,大大缩短了设计周期,减少了研制成本。

比较典型的案例如Rockdyne公司计划用于X-33的塞式喷管发动机的设计[5],该设计以总升重比为目标函数,采用耦合计算流体力学模型、结构有限元模型、计算热力学模型等多学科的MDO模型,其结果不仅提高了设计质量,还大大缩短了设计时间。另一个计划是高速民用飞机(HSCT)的设计[6],该研究利用分布式网络和并行设计方法缩短了设计周期,获得了更佳方案。

对先进设计方法和技术进行吸纳和研究十分必要。

当前国际上多学科设计优化领域的研究热点主要包括3个方面。

(1) 探索有效的多学科设计优化方法,实现多学科(子系统)并行设计,获得系统整体最优解。

(2) 面向设计的各学科分析方法和软件的集成。

(3) 多学科设计优化的分布式网络计算环境。

目前在欧美国家有许多致力于多学科优化研究和应用的机构,如AIAA多学科设计优化技术委员会(multidisciplinary design optimization technical committee,MDOTC)、NASA兰利研究中心(Langley research center)的MDO分部(MDO branch, MDOB)、弗吉尼亚工学院与州立大学(Virginia polytechnic institute and state university)的先进地空导弹多学科分析与设计中心(MAD center)等。而且一些机构如AIAA、NASA、USAF、ISSMO等纷纷召开该领域的国际学术会议以促进该学科的发展。

国外对多学科优化设计的研究起步较早,对其原理和一些算法的研究较为深入并有大量的工程应用,目前已有多家公司开发了可集成多种商用软件的多学科优化软件,如Engenious公司的iSIGHT、Phoenix Integration公司的Model Center和Analysis Sever以及VRAND的VisualDOC、iLOG的Cplex等。

AIAA 在 1989 年建立了多学科-设计优化技术委员会(multtdisciplinary design optimization technical commitee, MDOTC),并从 1992 年开始与 USAF、NASA、ISSMO 等机构联合,举办两年一次的多学科设计优化专题研讨会,交流最近在这一领域的研究成果。国内也在国家质量司和 Engieous 公司共同组织下,举办了两次军工企业多学科设计优化会议。

国内对这方面的研究始于 20 世纪 90 年代中期,通过向国外学习也取得了一些进展。余雄庆等[7]在国外采用并行子空间设计方法进行了无人机的设计。国防科学技术大学的陈琪峰等[8]研究了异步并行的分布式协同进化 MDO 算法,并将其应用在飞行器设计中。西北工业大学的李响等[9]对协同优化算法的计算特性以及在飞行器设计中的应用进行了研究。

随着结构、动力、控制等学科理论的不断完善和计算机计算能力飞速发展,学科设计人员能够建立更复杂的数学模型,提高分析结果的精度,如采用有限元方法(FEM)进行结构分析、利用计算流体力学(CFD)理论进行流场分析等。

总体来看,在国外先进国家,MDO 原理、方法、应用及优化框架和算法的研究已逐渐形成一个有机整体,对不同学科的分析及计算软件已经规范化并进行集成,其成果已面向应用,且已经开始走向商业化。我国的 MDO 设计是在近 10 年才开始的,无论是在 MDO 的理论方面还是在 MDO 应用方面,都与国外先进国家相比有明显差距,目前还是以高校为主开展研究,应用研究尚处在初级阶段,还有很大提升空间。

1.2.2 多学科设计优化的基本概念

多学科优化设计的基本思想是对复杂工程系统进行分解,研究各子系统间的协同效应后尽量利用一些先进的分析和优化手段,使整个设计过程从孤立的串行过程变为并行的协同过程以缩短设计周期并提高设计效率,最终得出整体上的最优设计[2]。多学科设计优化(MDO)= 多学科设计(MD)+多学科分析(MA)+多学科优化(MO)。所以,MDO 所追求的是充分考虑各学科特性后的对整体性能最优的设计,而非在每个学科内最优。同时在 MDO 设计过程中强调引用试验设计、响应面法等非严格意义的优化方法和较为先进的分析法如计算流体力学(CFD)。

多学科优化设计体现了先进飞行器追求整体最优的一种设计思想,是降低全寿命成本的有效途径,是并行工程的重要组成部分,是计算机技术、信息技术和最优化理论迅速发展的产物,它能够较好地探讨系统间相互耦合现象的协同作用,以较短的设计周期和较低的设计成本得出令人满意的设计方案。

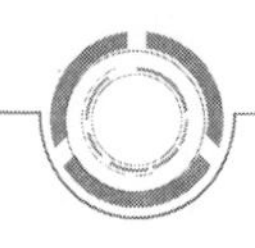

多学科优化设计作为飞行器设计的方法论,它具有以下特点。

(1) 可用于复杂系统的设计,合理地平衡一些相互冲突的技术与经济要求。

(2) 体现了并行工程的思想,在设计初期同时考虑所有学科的交叉影响,缩短了设计周期,同时还留有很多设计的自由度与关键设计的权衡,可以影响整个系统的优化。

(3) 具有自适应调节能力,在设计进展中运用各种分析/仿真工具,使得设计团队可对其工具加以剪裁以适合当时之需。

(4) 包含很多通用工具,允许将不同的分析与敏感度集成,来处理多种形式的决策问题。

1.2.3 多学科设计优化的研究内容

多学科优化设计的研究内容最初分 3 类,即信息科学技术、面向设计的学科分析和多学科优化方法。

随着该项领域的发展,20 世纪 90 年代末 MDO 技术委员会为了使其更易用于工程实际,将其研究内容分为表 1.1 所列的 4 个方面[10]。

表 1.1 MDO 研究内容

设计的表述与求解	分析与近似方法	信息管理与处理	管理与文化实施
设计问题的目标	广度与深度要求	MDO 框架与体系结构	组织结构
设计问题的分解与组织	高逼真度分析和试验的有效集成	数据库、数据流及标准	MDO 实施
	近似与修正方法	计算需求	接受、确认、成本和收益
优化技术	参数化几何建模	设计空间可视化	培训
	分析和灵敏度计算能力		

综上所述,多学科设计优化的求解过程可归结如下。

(1) 根据求解问题的性质,明确信息交换的要求即对每一学科(子系统)的输入与输出信息进行定义。

(2) 选择有效地面向设计的分析工具,建立以设计变量表示的多学科优化设计的数学模型,要求该数学模型能够反映所求解问题的性质,变量之间的变化相互协调。

(3) 采用先进的数据库管理系统,快速而准确地对多学科设计优化所需要的数据进行管理,并生成良好的优化初始设计数据。

(4) 有效地计算各单个学科设计的敏度信息。

(5) 在算法的具体实施上,有效地处理多设计变量问题,注意设计空间的不连续性和非凸性以及多个局部最优;采用计算效率较高的最优敏度分析技术,以便使设计点在有效约束子集中。

根据多学科综合优化问题的特点,Sobieski 等将其研究内容归纳为以下几个方面,包括建模方法、基于设计过程的分析、近似方法、灵敏度分析方法、分解规划方法、多学科优化策略、优化算法及构造系统集成平台等。

(1) 建模方法。工程系统中数学模型的软件实施通常是用一些代码组装的模块,每一模块表现为系统某一部件或某一性能等不同方面的某种物理现象,即一模块代表某一方面的功能。模块之间数据传递按照系统内在的耦合关系进行,这些数据传输往往需要将对其处理作为整个系统开销的重要方面。但现代设计需要强调成本等经济性因素,计算代价显得日益重要。因此,在 MDO 问题的建模中,可根据需要在同一功能而复杂程度不同的模型之间进行选择,即可变模型技术。该技术建模方法包括 3 个主要原则:一是在不违反同一设计问题相同理论的前提下,MDO 模型可比单个学科模型的设计细节要少些;二是在保证必要精度的前提下,MDO 模型的复杂程度可比单个学科的要低些;三是特殊场合时,同一学科不同复杂程度的模型可同时使用,较复杂的用于学科本身的分析与计算,而简单的则用于描述与其他学科的耦合。因此,需要研究复合知识的计算机内部表达和集成处理技术,开发具有自动与半自动相结合的柔性建模、图形建模和智能建模(包自适应建模)等工具,并研究产品全生命周期建模技术,以适应 MDO 的不同需要。

(2) 基于设计过程的分析。在 MDO 发展过程中,需开发大量具有特殊属性的分析工具,这些属性包括:从减少花费和尽可能提高近似精度的角度选择不同需求程度的分析模块;因设计改变而只影响部分初始分析时能快速进行重分析;输出对输入的灵敏度计算;设计过程中数据管理和可视化等。在 MDO 中,往往需要将输入输出通过相互耦合模块进入代码集中,并连同各代码输入输出最新计算结果一起归档存入库;当改变某输入而需要得到相应的输出时,尽可能地利用数据相关信息通过逻辑推理确定哪些模块受到影响,然后再执行相应的分析模块,这样可尽量减少计算量。基于设计过程的分析已成为普遍应用的工业标准,这主要归功于信息的即时反馈。

(3) 近似方法。对多学科分析来讲,设计空间的直接搜索法存在以下几个原因而不适用 MDO:首先,对任何有大量设计变量的问题,通过直接搜索其计算目标和约束的计算量很大,为能较快得到目标与约束值,通常不能运行精确的MDO模型;其次,不同学科的分析通常在不同的计算机上执行甚至在异地执行,使用集中搜索的程序使得通信量及安全性成为非常重要的因素;第三,因某些学科会产生一些噪声或失真,如不使用平滑的近似技术就迫使我们不得不使用低效的非梯度方法。因此,对于MDO问题来讲,需要将直接搜索和某些能容易计算目标或约束的近似方法结合起来。而在应用于工程系统的传统优化近似技术中,线性近似和二次近似经常使用,但这些技术通常为局部近似。为此,需开发适合MDO的全局近似方法。

目前,响应面近似法(response surface)在MDO应用中颇为流行。该技术常将某些分析及计算复杂的目标和约束用一些较为简单的方程来替换,且可从全局近似学科之间耦合。这种近似方法与神经网络技术相结合时,其精度比较可靠。

(4) 灵敏度分析技术。MDO要求其灵敏度分析数据可用来跟踪学科之间相互影响的功能。Sobieski等认为,原则上,MDO问题的灵敏度分析方法可使用在单个学科内进行灵敏度分析的同样技术,然而在许多实际例子中,应用MDO系统进行灵敏度分析时,因系统分析的整体规模使得不能简单扩展单学科灵敏度分析方法。90年代,用于耦合系统灵敏度分析的全局灵敏度分析方法(global sensitivity equation,GSE)及其高阶导数由Sobieski导出,这是一种能有效计算相互耦合多学科灵敏度的方法,该方法直接从隐函数原理推导而来,精确性较高。

此外,基于神经网络的灵敏度分析方法也有巨大的发展潜力。

(5) 分解规划方法。复杂系统往往具备以下几个特征:数学模型的复杂性(如高度非线性)使得数值优化往往难以得到可信赖的稳定解;计算量大;系统本身的复杂性造成对系统难以认知和求解。所以,分解协调是复杂系统问题求解的有效方法。分解的目的就是把一个复杂的大系统分解为多个相互较为独立、容易求解、规模较小的子系统(学科)。系统分解既可以从建立数学模型的过程中,为便于计算进行分解,也可以从便于管理的角度进行分解。故系统分解不是一个单纯的理论问题或数学问题,对不同设计阶段或不同系统,其分解方式各有侧重,有时甚至需要将多种分解方式结合起来。分解之后,各子系统(学科)之间往往存在层次与非层次两大类基本关系。

(6) 多学科优化策略。MDO的优化过程(MDO procedure)称为MDO算法或MDO策略,现在国际上对多学科优化的研究重点是发展更合理的多学科设计优化方法。目前常用的MDO方法包括单级优化和多级优化两大类,前者如

AAO(all-at-once)方法、单学科可行方法(individual disciplinary feasible,IDF)和多学科可行方法(multiple disciplinary feasible,MDF)等,后者则以递阶优化方法[11](multilevel optimization,MO)、并行子空间优化方法[12-14](concurrent subspace optimization,CSSO)、协同优化方法[15-16](collaborative optimization,CO)和二级系统一体化合成优化方法[17](bi-level integrated system synthesis,BLISS)为代表。

(7) 优化算法。优化算法是优化设计的核心部分,也是 MDO 的基础,一直是优化设计领域研究的重点。现有优化算法可归纳为两大类方法:一是具有严格数学定义的经典优化法,如梯度法、内点法等;二是进化方法,如模拟退火、神经网络、遗传算法和演化算法等。

(8) 集成平台及界面。MDO 不是“按控钮”式设计,而设计平台对设计师控制设计过程并加入其判断和创造来说尤为重要。在融入 MDO 技术并被企业使用的软件系统中,不同层次的界面非常关键。但由于这些软件几乎全是专用的、而没有发表可供参考的信息,故难以了解当前实施的软件系统中是否存在界面技术的共同准则。Sobieski 指出一些系统的某些共同之处:其一,相关变量和独立变量选择的多样性,这些变量用于产生图形、轮廓及表面曲线、投影和动画等,其中,动画不仅用来显示如振动等动态特性,而且还用来显示经过一系列迭代之后结果变化情况;其二,在工程数据显示方面,还可显示工程任务之间数据流及工程实施状况及计划等。这些相似之处体现出两种特征:一是试图支持设计师持续性思维,并促进其创造性及洞察力;二是支持设计小组成员之间的数据通信。

1.3 气动弹性现象研究

1.3.1 气动弹性现象研究内容

气动性能最佳和结构重量轻量化是飞行器设计的永恒追求目标。这就必然涉及气动弹性分析和多学科优化问题。气动弹性力学的概念是在 20 世纪初提出的,当时一系列由于气动弹性现象引起的事故使设计师们逐步认识到气动弹性影响的重要性。

飞行器都是弹性体,其在结构动力学、弹性力学和空气动力学的共同作用下产生的气动弹性问题是航空航天领域的研究热点之一。

气动弹性问题是由于空气动力与它所引起的绕流弹性体的变形发生相互

作用而产生的。结构的弹性变形是由流体载荷作用产生,结构形状的变化又反过来改变流体载荷,这就是流-固耦合干扰问题。气动弹性问题属于流-固耦合问题的一种,是一门研究弹性体在气流中气动力和弹性体间相互影响的力学学科。气动弹性问题的描述为:当弹性物体在空气中运动或气流流过弹性体时,弹性体会发生变形或振动,同时气动力也相应发生变化。如果气动力使弹性物体的变形或振动加剧,则会造成弹性体的结构破坏[18]。

1. 气动弹性问题的分类

各种气动弹性问题可以依据是否考虑惯性力,可分成静气动弹性和动气动弹性(颤振)两大类。

1) 静气动弹性

静气动弹性问题是研究结构在空气动力的作用下,物体因弹性变形而改变流场从而使气动力改变这一耦合现象。计算静气动弹性变形时,一般将其认为是静态问题而不考虑结构振动产生的附加气动力,所以将流场视为定常流场来处理。静力学问题主要包括静力学发散、操纵反效、升力分布。

(1) 静力学发散。它包括扭转发散和弯曲发散。一般弹性升力面受定常升力作用而产生扭转变形直至破坏,发生的是扭转发散问题。对于长细比较大的细长弹箭结构,可能有升力面的扭转发散和弹身弯曲发散问题。

(2) 操纵反效。它是与操纵效率相关联的问题。操纵效率是研究升力面结构弹性变形对舵面效率的影响。操纵反效是由于升力面结构弹性变形的影响,飞行速度的增加导致操纵效率降低;在一个确定的飞行速度下,舵面效率变为零,该速度称为反效速度。超过该速度后,舵面作用就与原来预期的作用相反。

(3) 升力分布。它是指升力面的弹性变形对弹性结构的整个升力分布具有相应的影响。因此,在该问题中,是要确定由于升力面的弹性而引起的升力分布变化。

2) 动气动弹性

动气动弹性问题与静气动弹性问题的区别是考虑到物体受惯性力的影响,研究空气动力、弹性力、惯性力对物体的共同作用,主要包括颤振、抖振和动力响应。

(1) 颤振。属于气动弹性动稳定性问题。由于在一个振动过程中弹性力和惯性力作为保守系统的内力总是处于平衡状态,因此单位振动周期内势能和动能之和保持常数。这样,振动系统如果要在没有(与系统无关的)外界激励条件下获得振动激励，就只能从空气流动中吸取能量。如果这个能量大于总是存在的结构阻尼引起的能量损耗，就会发生气动力自激颤振振动。

(2) 抖振。它是指由于气流中存在紊流度或不连续性而由弹性体自己产生的。例如，当飞机做某种机动飞行时，尾翼处于机翼的尾流中，在尾翼上则会发生这种振动。

(3) 动力响应。它是指由于弹性系统受到与系统无关的、随时间任意变化的外界扰动力的作用而发生的强迫振动。这些干扰力可以是谐和的、周期性的、脉冲型的或随时间随机性的。

气动弹性问题可以采用气动弹性力三角形来进行分类，见图1.3。力三角形的顶点表示系统的3种力元素，即弹性力、惯性力和气动力，因为考虑结构为弹性体，还默认一直存在阻尼力。它们在气动弹性过程中相互影响，每种气动弹性问题可以按照这些力元素所处的相互关系而进行区分。所有气动弹性动力学问题都处于此三角形内部，因为这3种力元素和阻尼力都参与作用；气动弹性静力学问题则处于此三角形左边的外侧，因为只有弹性力、阻尼力和气动力起作用。因此，按照系统力元素之间不同类型的相互关系就可区分不同类型的气动弹性问题。在图1.3中还指出了另一种性质的问题，这就是机械振动和刚体飞行力学。它们都是力学中的独立分支，气动弹性力学与这些学科之间并无严格的界限，弹性力学中系统的固有振动知识是分析处理系统的气动弹性特征的基本条件。

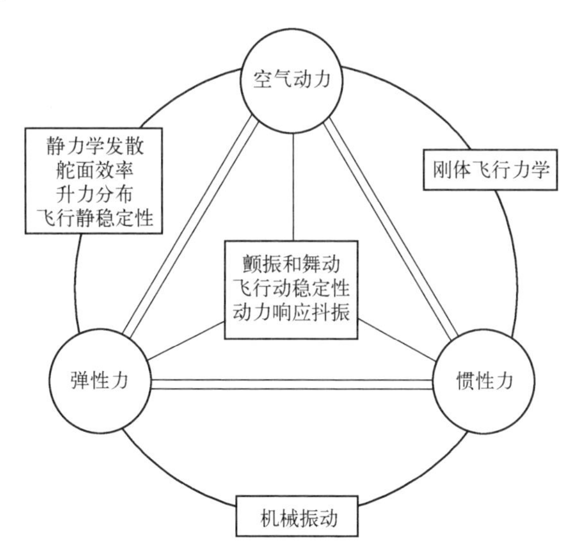

图1.3 A. R. Collar 气动弹性三角形

2. 颤振问题

颤振是一种典型的动气动弹性问题,在飞行器运动中,因为一些气流的影响,结构的变形会引起附加气动力,附加气动力作为激励使结构继续变形从而引发振动。由于这种附加气动力相当于一个无法提前预知规律的外力输入,当某一时刻空气对结构的能量输入使阻尼无法接受时,振动会发散,此时结构将破坏。这种现象即为颤振。由于翼面的颤振会在短时间内对飞行器造成灾难性后果,在几秒钟的时间内会导致机翼或尾翼的破坏。在 1916 年英国 Handley Page 轰炸机就出现尾翼振动问题;1947—1957 年在超声速飞行的头 10 年里,仅美国各类飞机就发生了不同程度的颤振事故百余起,其中军用飞机发生的 54 起颤振事故中,操纵面颤振 26 起,调整片颤振 11 起,带外挂的机翼颤振 7 起,尾翼颤振 7 起,其他颤振 3 起;我国航空史上从 20 世纪 60 年代末至今,颤振、嗡鸣(单自由度颤振)事故发生过多起;导弹颤振事故也发生过多起,如舵面和尾翼颤振事故。所以,飞行器设计时在飞行包线范围内不允许发生颤振。

颤振现象的形态是多种多样的,有整架飞机在某种程度上参与颤振,也有局限于单个部件上的颤振,如壁板颤振;与流动分离和旋涡形成直接有关的颤振是机翼和叶片在大迎角下的失速颤振;还有螺旋桨-机翼颤振,即“回转颤振”,它在垂直/短距起飞的旋翼/螺桨飞机中具有特别重要的意义。

颤振具有多种现象形态,其中的物理关系相当复杂。就空气动力方面的原因而言,颤振问题可分为两类。第一类的特征是发生于势流中,流动分离和边界层效应对颤振过程没有重要影响。这类颤振主要发生于飞机结构的流线形剖面升力系统中,通常称为“经典颤振”。在势流颤振过程中,气动力对机翼的纯弯曲振动以及纯扭转振动是起阻尼作用的,一般来说参与颤振过程的弹性自由度较多。第二类颤振问题与流动分离和旋涡形成直接有关,这类颤振现象可称为“失速颤振”。与颤振类似,动力响应问题同样包含大量的气动弹性动力学问题。这类问题是由于弹性系统受到与系统无关的随时间任意变化的外界扰动力的作用而发生强迫振动。这些扰动力可以是简谐的(这是最简单的情况)、周期性的(如旋涡-共振问题)、脉冲型的(如孤立突风)或随机性的(如大气紊流)。这些动力响应问题在飞机结构中具有重要的实际意义,特别是在结构设计的疲劳方面具有重大意义。飞机结构中还有一类气动弹性动力学问题,即抖振。飞机或其某个部件的这种振动是由于流动中存在紊流而产生的,且发生这种不规则的抖振振动时,激励气动力很少受到振动本身的影响。当飞机做某种机动飞行时,尾翼处于机翼的紊尾流中,则在尾翼上就会发生这种抖振振动。

此外,在跨声速范围内由于机翼上的激波和压力脉动,也会发生抖振振动,这种抖振还被称为自激抖振和抖振-颤振。

所以,颤振是设计者应当高度重视的问题。图 1.4 解释了颤振的物理过程。

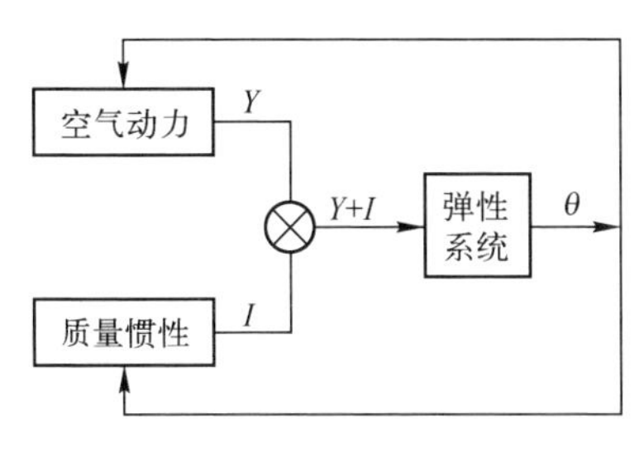

图 1.4 机翼颤振原理框图

在气动弹性动力学问题中,翼面执行 3 种不同的功能:首先产生空气动力;其次是产生惯性力;接着产生弹性变形。这 3 种功能可用 3 个方块表示在一个方块图,如图 1.4 所示。机翼按空气动力学规律产生升力 Y,而机翼振动时则引起惯性力 I。这两种力($Y+I$)使机翼产生弹性变形 θ,从而又产生新的作用力 Y 和 I。这样,以反馈过程的形式构成一条闭合回路,并又可提出是否存在非零解 $\theta\neq0$ 的问题。如果存在这种情况,则是动力学的发散问题,在这种情况下机翼振荡直至断裂,这种稳定性问题就是颤振。从广义上说,颤振是指弹性系统在均匀气流中的自激振动。由于在一个振动过程中弹性力和惯性力作为保守系统的内力总是处于平衡状态,因此单位周期内势能和动能之和保持常数。这样,振动系统如果在没有(与系统无关的)外界激励条件下要获得振动激励,就只能从空气流动中吸取能量。如果这个能量大于结构阻尼引起的能量损耗,就会发生气动力自激颤振。

1.3.2 气动弹性现象发展历程

20 世纪初气动弹性力学开始成为一个独立的研究领域。一些研究人员开始对机翼进行考虑质量平衡和简单的非定常流研究来解决气动发散、颤振等气弹问题,并取得一定成果。

获取飞行器气动弹性特性主要有试验和计算两种手段。试验分为风洞试验和飞行试验。气动弹性的风洞试验较之定常流场试验,需要设计专门的试验仪器,试验过程非常复杂,精度也有限。飞行器飞行试验危险系数很大。

以往对气动弹性力学的仿真是基于频域的,认为结构即将发生颤振危害时

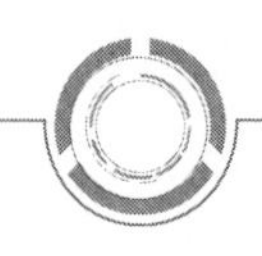

正好是简谐运动,则以振动的频率为指标来判断是否发生颤振。目前已发展出v-g法、p-k法等工程方法。

频域法的思想是将弹性力、惯性力和空气动力综合在一起分析,认为气动力作用的气动网格与弹性力与惯性力作用的结构网格之间相互独立,在研究力的综合作用时,考虑将两个网格系统上的力与位移联系起来,两者的关系靠求解样条矩阵和翼的固有频率,通过工程方法获得颤振运动方程的特征值,进而获得颤振的速度和频率。其求解步骤和思路如图1.5所示。

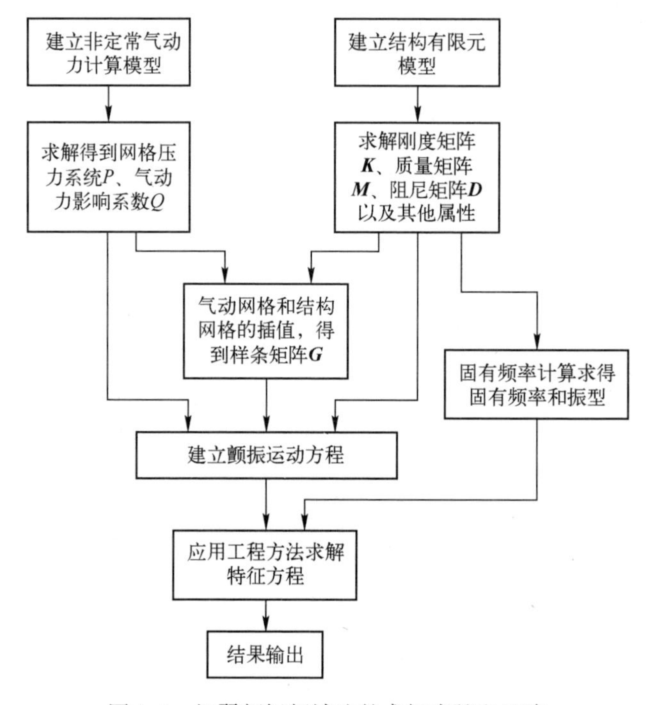

图1.5　机翼颤振频域法的求解步骤和思路

这种在频域内的计算方法简单并且容易与传统线性控制理论相结合应用于控制领域,目前已在一些商业软件如Nastran中使用。但是,频域方法对流体的求解方法是基于气动力线性假设,如Nastran中气动弹性模块中的偶极子网格法(DLM),不适于模拟现在越来越复杂的流场计算,特别是高速流动。而且频域法只能计算出颤振速度和频率两个参数而无法模拟结构振动的过程,且无法考虑翼型剖面的影响,也无法计算有迎角和攻角的状态,也就无法计算出相应的静态变形。

飞行器在大变形、大攻角情况下的气动弹性问题,需要考虑非线性的气动力。目前,通过半经验气动模型(ONERA 或 Leishman-Beddoes),采用窄条理论,可以较好地计算机翼及直升机桨叶的非线性气动弹性问题。而对于小展弦比机翼的非线性气动弹性问题(大攻角、高机动情况下)的计算,还无法采用半经验的气动模型进行计算。

由于计算机技术的发展,一些先进的数值方法如计算流体力学(CFD)和计算结构动力学(CSD)分别在流体和结构领域取得了较广泛的应用。对气动弹性问题仿真的主要研究方向渐渐集中到基于时域的 CFD/CSD 耦合求解法。国外有关 CFD 计算气动弹性问题大都利用多块网格并行计算欧拉(Euler)、Navier-Stokes(N-S) 方程求解非定常气动力,利用有限元方法求解结构相关参数,然后让气动力方程与结构方程耦合求解机翼的气弹问题,国内外也逐渐刊登出以时域法解决气动弹性问题的文献[19-25]。

这种方法直接从流动的基本方程出发,使用的假设相对较少,模拟了流动的本质特性,可以反映出气动力的非线性特性。

基于 CFD/CSD 方法对气动弹性的数值计算是现有较为准确的仿真方法,但是仍存在一定不足,其计算精度深受模型的复杂性影响且需要占用非常大的计算资源,并耗时巨大。对于飞行器气动性能计算和复杂流动分析,主要追求发展高精度计算方法以提高预测精度和采用并行计算技术以提高计算效率。

随着计算机水平的大幅提高,CFD 技术已经被广泛运用在各种工程中。目前采用 CFD/CSD 耦合方法可以进行各种非线性气动弹性的模拟,包括各种气动力非线性、结构非线性和控制非线性。依靠 FLUENT 可以计算流体部分,通过 FLUENT 中的 UDF 还可以编制各种形式的结构体(如小展弦比机翼等复杂机翼形式),这样就可以计算多种结构形式的非线性气动弹性问题。时域内的气动弹性建模也比较方便,相对于频域方法而言,更容易实现结构模块、气动模块和控制模块的结合,人工干预也很少。

但伴随着模型的计算精度越来越高以及模型越来越复杂,CFD 技术的缺点也逐渐显现:一是计算量大,耗时多,当大批量研制时成本巨大;二是不利于开展伺服气动弹性分析和参数设计;三是不适用于系统的定性分析。

因此气动弹性力学现阶段的两对主要矛盾为:计算效率和计算精度;系统的复杂性和易分析、易设计性。如何缓和或解决这两对矛盾成为该学科新的研究热点。

目前,这种基于时域的流-固耦合计算方法在气动弹性领域发展很快,且有很好的应用前景。至目前为止,比较成熟的方法是:采用 FLUENT 计算气动弹性问题，然后在 FLUENT 的 UDF 中可以自行编制用户需要的结构程序，结合 FLUENT 的流体计算功能，通过两相界面的插值转换，分析气弹响应问题。或者利用与 FLUENT 有接口的成熟的结构分析软件如 ANSYS 分析气动弹性问题。针对目前国内对飞机设计的需求，对结构和气动力同时考虑非线性特性，获得机翼结构的非线性气动弹性耦合分析模块，有很大的必要性，这也可以为实际工程中机翼的设计提供有益的参考。

1.4 本书主要研究内容

本书采用了基于时域的 CFD/CSD 耦合求解法对飞行器翼面进行了气动弹性特性研究，并应用多学科优化技术对飞行器翼面进行了考虑气动弹性影响的优化，以期设计出在不发生颤振危害的前提下，使升阻比和重量达到整体最优的结构。

1.4.1 本书研究方法

本书对于翼面的研究设计过程包括以下几个方面。

(1) 利用参数化设计语言自动进行弹翼三维建模，用 N-S 方程数值解法计算弹翼在给定条件下的升阻比，并同风洞试验数据进行对比，得到相对误差小于 10%的结果。

(2) 通过引入 Jameson 双时间法，提出了以紧耦合方式进行基于 N-S 方程和结构有限元法的弹翼气动弹性的时域仿真方法，并通过对国际颤振标模的仿真验证了该方案的准确性。在此基础上应用该法实现了弹翼的颤振分析，表明考虑了弹性变形后的气动、结构分析结果同试验值更加接近。

(3) 采用正交表、拉丁方等试验设计方法，结合多项式响应面、Kriging 模型、径向基函数神经网络等近似技术，分别拟合了弹翼优化所需的设计变量与性能参数的映射关系。综合考虑了计算成本和精度后，确定以基于神经网络的代理模型来代替高精度分析模型，参与导弹弹翼的多学科优化，从而实现了各学科的模型近似并降低了运算成本。

(4) 依照设计要求建立了导弹弹翼的优化数学模型，采用弹翼三维几何特征尺寸为设计变量，将考虑气动弹性计算后得到的性能参数作为数学模型的状态变量，以保证优化后结构可以在不发生颤振的情况下以最小的质量达到最大的升阻比。在此基础上，对弹翼优化模型按协同优化策略建立了系统级数学模型以及结构、气动学科相应子系统级的数学模型。对常用优化搜索算法进行性能比较后,确定以混合优化算法进行各级的寻优以避免陷入局部极值,并使用松弛系数法改进了原协同优化框架的数值缺陷。使用代理模型代替协同优化框架的学科分析,在iSIGHT平台上实现了基于代理模型的弹翼协同优化流程。

优化结果表明,优化后的弹翼比原结构的升阻比提高了15%,质量减轻了7%,由于将避免颤振现象作为约束条件,优化后的弹翼具有更高的安全性。这种基于代理模型的气动/结构多学科优化设计符合现有学科分工,且具有一定的准确度,对设计人员有一定的参考价值。

1.4.2 本书的研究特点及进一步工作设想

(1) 本书的研究特点在于将弹翼的动气动弹性即颤振特性要求加入优化设计流程作为约束而非最终结构检验条件,充实了优化体系。

(2) 在多学科优化框架中采用了改进的协同优化策略和混合寻优算法来寻求最优设计点,在简化优化流程的基础上提高了搜索效率。

(3) 在优化搜索过程中针对尾翼弹性变形对气动特性的影响特点,采用强耦合分析得出气动参数和结构变形来参与优化,更符合实际飞行状况。

由于研究水平所限,本书所研究问题仍有进一步改进的空间。书中基于CFD技术的流场计算非常耗时且需要较高的计算机配置,下一步可着力于研究在流场分析时如何对模型进行更为合理的网格划分,以减少计算时间和提高计算精度。

本书所选取的代理模型由于样本点数所限,存在一定的误差,今后的研究应增加样本点数以提高近似的精度,同时可以采用置信域方法在每次优化的结果上渐渐缩小设计空间以提高搜索精度。

本书所研究的代理模型均为静态代理模型,今后可继续研究可变复杂度的模型即动态代理模型以提高代理模型的近似精度。

协同优化策略较为符合目前飞行器研究领域的学科分工,但是并行子空间和二级系统一体化合成两种优化策略也具有其优点,可对其展开研究以取长补短。

本书对弹翼进行的优化设计是在固定的飞行状态下进行的,下一步可研究弹翼在多个飞行状态下的多工况多目标优化。

2 第2章

基于计算流体力学的流场数值计算方法及其验证

为了获得翼面优化所需的气动参数和进行气动弹性研究,有必要对翼面进行高精度的流场仿真。本章引入计算流体力学(CFD)技术,采用了雷诺平均N-S方程作为流动控制方程,对全弹外流场进行稳态模拟,以研究翼面的气动特性计算方案。计算出不同状态下全弹气动力/力矩系数并与风洞数据对比以验证气动特性仿真结果的相对精度。

2.1 计算流体力学技术简介

2.1.1 计算流体力学技术的发展历程

计算流体力学(CFD)综合了经典流体力学、数值计算方法和计算机技术的知识,随着计算机硬件和计算方法的不断更新和迅速发展,该方法已与理论分析、风洞试验一起成为空气动力学设计的三大工具[26]。而现今一些广泛应用的流体计算软件包如FLUENT、Star-CD、MGAERO、FASTRAN、CFX等都是基于计算流体力学方法。表2.1总结了计算流体力学的发展大致经历,目前的研究已着重于湍流运动的数值模型,以解决真实流体的黏性问题和对非定常流场的计算精度问题。

表2.1 计算流体力学的发展

历　程	进　展	应　用
20世纪60年代	无黏线性方程的求解	外形较为复杂的小攻角绕流

续表

历 程	进 展	应 用
20 世纪 70 年代	非线性全位势方程和 Euler 方程的求解	复杂外形的亚、跨、超声速绕流
20 世纪 80 年代	雷诺平均 N-S 方程及其他近似的 N-S 方程	解决定常问题
20 世纪 90 年代	发展湍流运动模型	非定常黏性流场模拟

自然界中的流动形式分层流(laminar flow)和湍流(turbulent flow)两种。湍流现象是由流体的黏性产生的,对阻力的计算有重要影响。在对湍流模拟的数值法中,直接数值模拟法可以得到湍流的全部信息,但是非常消耗计算资源,而且不适于黏性作用明显的一般流动,不能应用于工程。另一种大涡方法模拟精确,特别是模拟大涡结构,但需要使用高精度的网格并对计算机资源的要求较高,所以工程中绝大多数情况还要采用湍流模式理论即雷诺平均法进行湍流计算。求解流动方程还需要对其进行离散化[27]。

2.1.2 计算流体力学技术的离散方法

空间离散方法主要包括有限差分法[28]、有限元法[29]和有限体积法[30]3 种。时间离散方法分为显式和隐式两种。目前空间离散和时间离散,均发展出了大量的高精度稳定格式。

在空间离散方法中,有限体积法从流动控制方程上的积分形式出发,在每个控制体微元上对控制方程进行空间插值离散,将非线性的流动控制方程转化为一组关于时间的常微分方程组,随之通过时间迭代获得近似解。有限体积法的优点在于对复杂区域的适应性很好,同时可以直接运用有限差分方法的计算格式和间断处理方法,最主要的是有限体积法的概念更能体现数值解的物理本质。

20 世纪 80 年代以来,有限体积方法在复杂外形流动的数值模拟方面应用广泛。在本书的气动弹性研究中,非定常气动力的求解就是运用有限体积方法。

2.1.3 计算流体力学技术的网格生成技术

对流场的求解要借助网格生成技术。当今用于流体仿真的网格有结构化和非结构化两种。结构网格发展较早,适用于比较简单的几何外形。优点为其具有贴体性质,对边界条件处理方便高效,并对一些近壁面运动有较好的模拟结果。目前对简单外形的结构网格生成技术已经非常成熟,但对于比较复杂的几何外形,单一的结构网格在处理起来会非常困难,因而在使用上受到限制。目前发展出了代数法[31-32]、保角转换、偏微分方程法[33]和变分法[34-37]等网格生成方法,网格类型也逐渐变得多样化以适应越来越复杂的计算对象[38-42]。此外,技术人员还研究出采用多块网格分区搭接和重叠嵌套等技术来解决复杂外形下的网格生成问题,但处理起来也具有一定的难度。

非结构网格是20世纪80年代发展起来的一类新型网格技术。非结构网格的优点是生成过程不需要求解任何方程,操作过程简单。其思想为假定四面体单元是二维空间中最简单、最基本的形体,可以用来填充任何空间区域。与结构网格相比,非结构网格不用保证网格连接的结构性和正交性,网格单元的大小、形状及网格点的位置控制也比较灵活,对复杂外形具有非常好的适应性。非结构网格有 Delaunay 法[43]、阵面推进法[44]、四叉树法[45]等多种生成方法。近年来又发展出了结构/非结构混合网格[21],以解决复杂流动和精细流动问题。

此外,如在气动弹性的研究中,需要求解带有边界运动的非定常流场,还涉及网格的运动技术。对结构网格的运动技术基本分两种:一种是将物体作为刚体忽略物体的弹性变形;另一种则用来处理物体的弹性变形的弹性运动网格方法,如基于无限插值的运动网格方法和弹性模型法。

对非结构网格而言,如处理动边界位移较小的情况像气动弹性问题时靠运动边界周围一定范围内网格的变形就能适应边界的运动,计算较为简单。

当边界出现变形和较大的边界运动如结构分离时,则必须采用网格变形与局部重构相结合的方法。可将动边界周围一定范围设成网格变形区,该区网格随着边界的运动而变形,当出现严重扭曲的网格单元时,则重新生成网格。流动参数通过插值运算从原网格映射到生成的新网格。常用的非结构网格变形方法有弹簧近似方法、弹性体方法和代数方法。代数方法效率最高,但仅适于变形区形状非常简单的情况。弹性体方法考虑了所有应力,变形能力强,但计算工作量大、效率低。弹簧近似方法由于没有考虑剪切应力的作用,变形能力小,但计算效率高,更适用于气动弹性分析。

2.2 定常流场计算过程

采用 CFD 方法获得导弹气动数据可以分为 3 个步骤,即建立导弹外形模型、为导弹周围流场划分网格和数值求解。

2.2.1 建立模型

建立模型时可以对导弹模型作一些简化，比如省略弹体上对整体气动特性影响极小的结构如较小的倒角、圆角和凹槽以方便生成网格，但对所关心的气动特性影响较大的结构特别是翼的前、后缘形状力求精确表达。具体的模型可参见第5章中的参数化建模部分。

2.2.2 划分网格

划分计算网格前需要先建立流域，从弹体到远场边界的区域称为流域，即为计算区域。本书计算对象飞行中的来流速度马赫数范围为0.4~3.0，具有了亚声速、跨声速及超声速的所有情况，为增加模型的通用性，流域取的范围较大，导弹头部到远场的距离大约为45倍弹长，尾部到远场的距离大约为40倍弹长，远场的径向尺寸取为弹径的50倍。

对流域的离散化，本书使用了两种不同类型的网格来分析导弹的不同工况。

1. 结构网格

由于本书计算包括超声速，为提高模拟精度，稳态流场的超声速计算网格采用了偏微分方程法生成结构化网格，将计算域分割为38个子域，网格总数约为500万个，网格情况见图2.1。由于超声速段气流不可逆向传播，所以在气流变化较为剧烈的部位如头部、鸭舵和翼面周围设置了较细的分区来更精确地计算气动力特别是阻力，如图2.2所示。

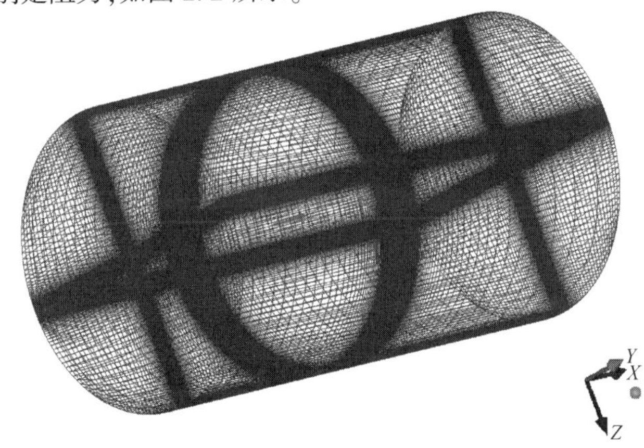

图2.1 流域结构网格

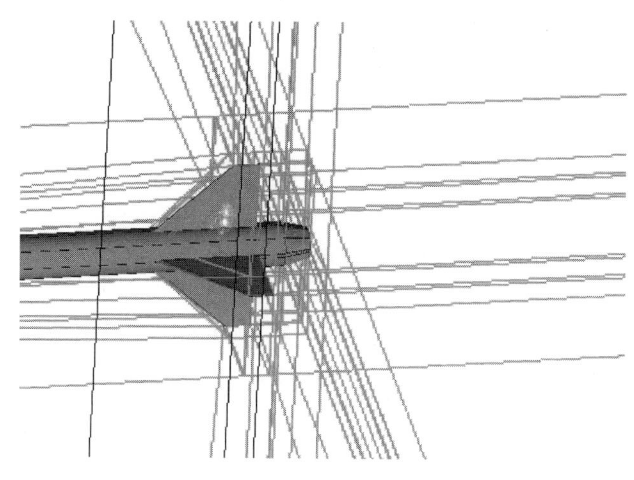

图 2.2　流域区域划分

2. 非结构网格

对于非结构网格来说，为了保证解的精度，网格点必须足够密，同样算例的非结构网格往往比结构网格数量多很多才能保证相同精度。图 2.3 所示为采用非结构网格划分的流域网格，网格数目约为 500 万个，远超过结构网格。本书对非结构网格中流动变化剧烈的区域采取了自适应网格技术令网格自动加密 5 倍，以避免网格在整个流域数量过多，计算时间过长。

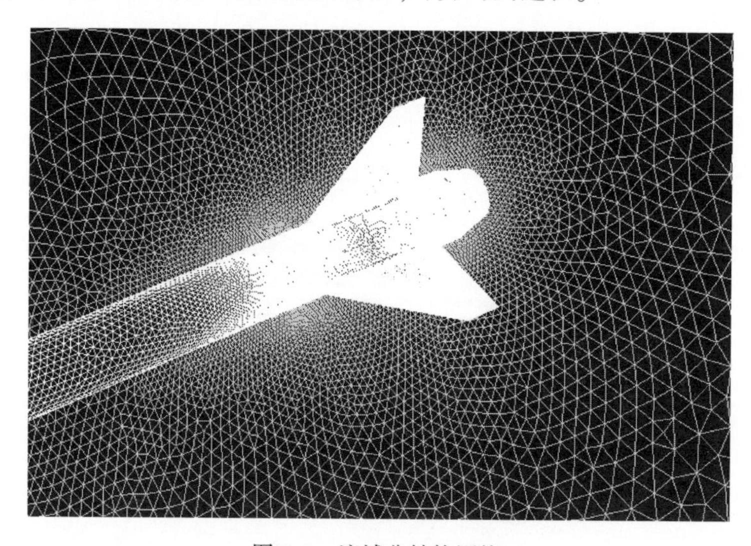

图 2.3　流域非结构网格

2.2.3　数值求解

1. 控制方程

流体控制方程为守恒形式的 N-S 方程[47],即

$$\frac{\partial(\boldsymbol{Q})}{\partial t}+\frac{\partial(\boldsymbol{F}_{C1}+\boldsymbol{F}_{D1})}{\partial x}+\frac{\partial(\boldsymbol{F}_{C2}+\boldsymbol{F}_{D2})}{\partial y}+\frac{\partial(\boldsymbol{F}_{C3}+\boldsymbol{F}_{D3})}{\partial z}=0 \tag{2.1}$$

式中:$\boldsymbol{Q}$、$\boldsymbol{F}_C$ 和 $\boldsymbol{F}_D$ 分别为流场变量矩阵、无黏通量矩阵和黏性通量矩阵。计算公式如下:

$$\boldsymbol{Q}=\begin{bmatrix}\rho\\ \rho u\\ \rho v\\ \rho w\\ \rho E\end{bmatrix}\quad \boldsymbol{F}_{C1}=\begin{bmatrix}\rho u\\ \rho u^2+p\\ \rho uv\\ \rho uw\\ \rho u(E+p/\rho)\end{bmatrix}\quad \boldsymbol{F}_{C2}=\begin{bmatrix}\rho v\\ \rho vu\\ \rho v^2+p\\ \rho vw\\ \rho v(E+p/\rho)\end{bmatrix}\quad \boldsymbol{F}_{C3}=\begin{bmatrix}\rho w\\ \rho wu\\ \rho wv\\ \rho w^2+p\\ \rho w(E+p/\rho)\end{bmatrix}$$

$$\boldsymbol{F}_{D1}=\begin{bmatrix}0\\ \tau_{xx}\\ \tau_{xy}\\ \tau_{xz}\\ u\tau_{xx}+v\tau_{xy}+w\tau_{xz}+q_x\end{bmatrix}\quad \boldsymbol{F}_{D2}=\begin{bmatrix}0\\ \tau_{yx}\\ \tau_{yy}\\ \tau_{yz}\\ u\tau_{yx}+v\tau_{yy}+w\tau_{yz}+q_y\end{bmatrix}$$

$$\boldsymbol{F}_{D3}=\begin{bmatrix}0\\ \tau_{zx}\\ \tau_{zy}\\ \tau_{zz}\\ u\tau_{zx}+v\tau_{zy}+w\tau_{zz}+q_z\end{bmatrix}$$

式中:t、p、ρ 分别为时间、压力和密度;u、v、w 为速度向量 $\boldsymbol{u}$ 于 x、y、z 方向的分量;$\boldsymbol{q}$ 为热流通量;$\boldsymbol{\tau}$ 为黏性应力张量;E 为单位控制体积内流体的总能量即单位质量总能,有

$$E=\frac{U+|\boldsymbol{u}|^2}{2} \tag{2.2}$$

式(2.2)中

$$|\boldsymbol{u}|^2=u^2+v^2+w^2 \tag{2.3}$$

$$U=c_vT=\frac{R}{\gamma-1}T=\frac{R}{\gamma-1}\frac{p}{\rho} \tag{2.4}$$

$$R=c_p-c_v \tag{2.5}$$

$$\gamma=\frac{c_p}{c_v} \tag{2.6}$$

式中:T 为温度;R 为气体常数;γ 为比热比;c_p 为定压比热容;c_v 为定容比热容。所以 E 也可表示为

$$E=\frac{R}{\gamma-1}\frac{p}{\rho}+\frac{1}{2}(u^2+v^2+w^2) \tag{2.7}$$

黏性应力张量 $\boldsymbol{\tau}$ 的各分量为

$$\tau_{xx}=-2\mu\frac{\partial u}{\partial x}-\lambda\operatorname{div}(\boldsymbol{u}) \quad \tau_{yy}=-2\mu\frac{\partial v}{\partial y}-\lambda\operatorname{div}(\boldsymbol{u}) \quad \tau_{yy}=-2\mu\frac{\partial w}{\partial z}-\lambda\operatorname{div}(\boldsymbol{u})$$

$$\tau_{xy}=\tau_{yx}=-2\mu\left(\frac{\partial u}{\partial y}+\frac{\partial v}{\partial x}\right) \quad \tau_{xz}=\tau_{zx}=-2\mu\left(\frac{\partial u}{\partial z}+\frac{\partial w}{\partial x}\right) \quad \tau_{yz}=\tau_{zy}=-2\mu\left(\frac{\partial v}{\partial z}+\frac{\partial w}{\partial y}\right)$$

式中:μ 为动力黏度;λ 为第二黏度。热流通量 $\boldsymbol{q}$ 定义为

$$q_x=-\kappa\frac{\partial T}{\partial x} \quad q_y=-\kappa\frac{\partial T}{\partial y} \quad q_z=-\kappa\frac{\partial T}{\partial z} \tag{2.8}$$

式中:κ 为气体热传导数。

微分形式的 N-S 方程的通用形式可以写成[28]

$$\frac{\partial(\rho\phi)}{\partial t}+\operatorname{div}(\rho\boldsymbol{u}\phi)=\operatorname{div}(\Gamma\operatorname{grad}\phi)+S \tag{2.9}$$

式中:ϕ 为通用变量,在连续方程中代表 1,在动量方程中依次代表 u、v、w,在能量方程中代表 T;Γ 为广义扩散系数,在连续方程中为 0,在动量方程中为 μ,在能量方程中为 κ/c;S 为广义源项。式中各项从左至右分别称为瞬态项(transient term)、对流项(convective term)、扩散项(diffusive term)和源项。

2. 定义气体物理属性

根据气体的物理属性,可构造出热力学变量与守恒变量之间的关系,使 N-S 方程封闭可解。

1) 热力学状态方程为

$$p=\frac{\rho R_{\mathrm{u}}T}{M_{\mathrm{w}}} \tag{2.10}$$

式中:$R_{\mathrm{u}}=8314.4\mathrm{J/(kmol\cdot K)}$ 为普适气体常数;M_{w} 为气体分子量,标准大气的

$M_w = 28.965\text{k/mol}$。

2）气体属性

表征气体属性的 3 个主要参量为比热比 γ、定压比热容 c_p 和定容比热容 c_v，以下为其关系式，即

$$c_p = \frac{R_u}{M_w} + c_v \quad c_v = \frac{R_u}{M_w(\gamma - 1)} \quad \gamma = \frac{c_p}{c_v} \tag{2.11}$$

本书考虑的流体计算可将流场内空气视为标准大气，按 $c_p = 1.005\text{kJ/(kg·K)}$、$c_v = 0.718\text{kJ/(kg·K)}$、$\gamma = 1.4$ 来定义流场。

3）输运属性

因为本书将气体视为热完全气体，在求解黏性流动时需要考虑输运属性。动力黏度 μ 可按萨瑟兰公式计算为

$$\mu = \mu_0 \left(\frac{T}{T_0}\right)^{3/2} \frac{T_0 + C}{T + C} \tag{2.12}$$

式中：μ_0 为温度 T_0 时的动力黏度；C 为常数，由气体种类决定。该公式的适用范围为 210～1900K，可以应用于本书设计对象导弹的外流场计算。

对于空气，当 $T_0 = 273.15\text{K}$ 时，$\mu_0 = 0.716 \times 10^{-4}\ \text{Pa·s}$，$C = 110.6\text{K}$。

对热传导系数 κ 的计算需要按式(2.5)、式(2.6)求出 c_p 和 μ 并引入普朗特数(Prandtl) Pr。可得

$$\kappa = \frac{\mu c_p}{Pr} \tag{2.13}$$

若空气温度在 300～1800K 的范围时，普朗特数可视为常数，对本书计算 $Pr = 0.7$。

3. 湍流模型选择

考虑到流动具有黏性，需采用对湍流的数值模拟方法。本书采用了 Reynolds 平均法(RANS)，即把湍流运动看作时间平均流动和瞬时脉动流动两个运动的叠加，将流场控制方程转化为雷诺平均 N-S 方程(RNS 方程)。这种理论称为湍流模式理论，其思想如下。

对任一变量 ϕ 取其时间平均值，即

$$\overline{\phi} = \frac{1}{\Delta t} \int_t^{t+\Delta t} \phi(t)\,\mathrm{d}t \tag{2.14}$$

并考虑 ϕ 的脉动值 ϕ'，将变量表示为其均值和脉动值的和，即

$$\phi = \overline{\phi} + \phi' \tag{2.15}$$

流动变量 u、v、w 和 p 也采取这样的形式处理，即

$$u=\bar{u}+u' \quad v=\bar{v}+v' \quad w=\bar{w}+w' \quad p=\bar{p}+p' \tag{2.16}$$

则式(2.9)的连续方程可导出其时均量部分的方程，即

$$\frac{\partial \rho}{\partial t}+\frac{\partial}{\partial x_i}(\rho \bar{u}_i)=0 \tag{2.17}$$

以及动量方程时均量部分，即

$$\frac{\partial}{\partial t}(\rho \bar{u}_i)+\frac{\partial}{\partial x_j}(\rho \overline{u_i u_j})=-\frac{\partial \bar{p}}{\partial x_i}+\frac{\partial}{\partial x_j}\left(\mu \frac{\partial u}{\partial x_j}-\rho \overline{u_i' u_j'}\right)+S_i \tag{2.18}$$

同理，标量 ϕ 的输运方程也可得出其时均量部分，即

$$\frac{\partial (\rho\phi)}{\partial t}+\frac{\partial (\rho \boldsymbol{u}\phi)}{\partial x_j}=\frac{\partial}{\partial x_j}\left(\Gamma \frac{\partial \phi}{\partial x_j}-\rho \overline{u_j' \phi'}\right)+S \tag{2.19}$$

式(2.18)即是雷诺平均 N-S 方程，式中

$$-\rho \overline{u_i' u_j'}=\tau_{ij}$$

被称为雷诺应力项。

i 和 j 的取值范围是 1~3，τ_{ij}对应有 3 个正应力和 3 个切应力共 6 个雷诺应力项，加上 5 个时均未知量，即 u_x、u_y、u_z、p 和 ϕ，未知量个数将达到 11 个，流动方程的个数不够求解。此时应引入新的方程使式(2.18)中的方程满足求解条件，即增加湍流模式。

本书在湍流模式的选择上，考虑到由于无黏或层流模式对黏性的模拟不够准确会导致计算阻力值偏低，而采用两方程湍流模式会大幅度增加计算时间和内存，决定使用不同类型的湍流模型即 S-A 模型和 SST $k-\omega$ 模型来配合不同的计算工况以达到精度和计算成本的平衡。

1）一方程湍流模式 Spalart-Allmaras(S-A)

S-A 模型是一个专门为航空航天空气动力问题设计的湍流模型。具体实现方式是对式(2.18)的增加湍动能(turbulent viscosity) k 的输运方程，并将湍动黏度 μ_t 以 k 的函数来表示，以达到方程组封闭可解。湍动能 k 可以表示为

$$k=\frac{\overline{u_i' u_j'}}{2}=\frac{1}{2}(\overline{u'^2}+\overline{v'^2}+\overline{w'^2}) \tag{2.20}$$

以湍动能 k 来表达式(2.18)输运方程为[48]

$$\rho \frac{Dk}{Dt}=G_v+\frac{1}{\sigma_v}\left\{\frac{\partial}{\partial x_j}\left[(\mu+\rho k)\frac{\partial k}{\partial x_j}\right]+C_{b2}\rho\left(\frac{\partial k}{\partial x_j}\right)^2\right\}-Y_v \tag{2.21}$$

式中：G_v 为湍流黏性生成项；Y_v 为湍流黏性耗散项，其来源是近壁区由壁面阻塞和黏性阻尼；σ_v 和 C_{b2} 为常数。

S-A 模型计算比较简单且对网格要求比较低,但是对数值误差不太敏感,所以不适用对流动突变较剧烈的情况[49]。

2) 标准 $k-\varepsilon$ 两方程湍流模式

标准 $k-\varepsilon$ 模型是在引入湍动能 k 的基础上引入湍动耗散率 ε(turbulent dissipation rate),即

$$\varepsilon=\frac{\mu}{\rho}\left(\frac{\partial u_i'}{\partial x_k}\right)\left(\frac{\partial u_j'}{\partial x_k}\right) \tag{2.22}$$

这样方程式(2.20)和式(2.22)一起形成了 $k-\varepsilon$ 两方程模型。

相应地,湍动黏度 μ_t 则即成为 k 和 ε 的函数,即

$$\mu_t=\rho C_\mu \frac{k}{\varepsilon^2} \tag{2.23}$$

式中:C_μ 为经验常数,通常值可取 0.09。

这样,输运方程即成为以 k 和 ε 为基本未知量表示的形式,即

$$\frac{\partial(\rho k)}{\partial t}+\frac{\partial(\rho k u_i)}{\partial x_i}=\frac{\partial}{\partial x_j}\left[\left(\mu+\frac{\mu_t}{\sigma_k}\right)\frac{\partial k}{\partial x_j}\right]+G_k+G_b-\rho\varepsilon-Y_M+S_k \tag{2.24}$$

$$\frac{\partial(\rho\varepsilon)}{\partial t}+\frac{\partial(\rho\varepsilon u_i)}{\partial x_i}=\frac{\partial}{\partial x_j}\left[\left(\mu+\frac{\mu_t}{\sigma_k}\right)\frac{\partial\varepsilon}{\partial x_j}\right]+G_{1\varepsilon}\frac{\varepsilon}{k}(G_k+G_{3\varepsilon}G_b)-G_{2\varepsilon}\rho\frac{\varepsilon^2}{k}+S_\varepsilon \tag{2.25}$$

式中:G_k 和 G_b 分别为由于平均速度梯度和浮力引起的湍动能 k 的产生项,其计算公式为

$$G_k=\mu_t\left(\frac{\partial\mu_i}{\partial x_j}+\frac{\partial\mu_j}{\partial x_i}\right)\frac{\partial\mu_i}{\partial x_j} \tag{2.26}$$

$$G_b=\beta g_i\frac{\mu_t}{Pr_t}\frac{\partial T}{\partial x_i} \tag{2.27}$$

式中:g_i 和 β 分别为重力加速度在第 i 方向的分量和热膨胀系数。湍动普朗特数 Pr_t 可取 0.85,β 的定义为

$$\beta=-\frac{1}{\rho}\frac{\partial\rho}{\partial T} \tag{2.28}$$

若流体为可压流,输运方程中以 Y_M 来考虑脉动扩张的影响,其计算公式为

$$Y_M=-2\rho\varepsilon M_t^2 \tag{2.29}$$

式中：M_t为湍动时的马赫数，可由声速 a 计算，即

$$M_t = \sqrt{\frac{k}{a^2}} \tag{2.30}$$

声速 a 相应的计算公式为

$$a = \sqrt{\gamma RT} \tag{2.31}$$

输运方程中的 $C_{1\varepsilon}$、$C_{2\varepsilon}$、$C_{3\varepsilon}$、C_μ、σ_k和 σ_ε为模型常数，取值分别为 $C_{1\varepsilon}=1.44$、$C_{2\varepsilon}=1.92$、$C_\mu=0.09$、$\sigma_k=1.0$、$\sigma_\varepsilon=1.3$。如来流的方向平行于重力方向，则 $C_{3\varepsilon}=1$，若垂直则按 $C_{3\varepsilon}=0$ 取值。

这里需要说明的是，对不可压流，G_b 和 Y_M 取值为 0，不按式(2.27)和式(2.29)计算。

3）标准 k-ω 两方程湍流模式

对于 k-ω 模型，将湍动黏度 μ_t用比耗散率 $\omega=\varepsilon/k$ 表示，即

$$\mu_t = \rho\frac{k}{\omega} \tag{2.32}$$

则输运方程可表示为以 k 和 ω 为基本未知量的形式，即

$$\frac{\partial(\rho k)}{\partial t}+\frac{\partial}{\partial x_j}\left[\rho u_j k-(\mu+\sigma^*\mu_t)\frac{\partial k}{\partial x_j}\right]=\tau_{tij}\boldsymbol{S}_{ij}-\beta^*\rho\omega k \tag{2.33}$$

$$\frac{\partial(\rho\omega)}{\partial t}+\frac{\partial}{\partial x_j}\left[\rho u_j \omega-(\mu+\sigma\mu_t)\frac{\partial \omega}{\partial x_j}\right]=\alpha\frac{\omega}{k}\tau_{tij}\boldsymbol{S}_{ij}-\beta\rho\omega^2 \tag{2.34}$$

其中雷诺应力项 $\tau_{tij}=2\mu_t(S_{ij}-S_{nn}\delta_{ij}/3)-2\rho k\delta_{ij}/3$。$\mu_t$为湍动黏度，$\boldsymbol{S}_{ij}$和 δ_{ij}为平均速度应变率张量(mean-velocity strain-rate tensor)和克罗内克算子(Kronecker delta)。

输运方程式(2.33)和式(2.34)中各模型常数的取值为 $\alpha=5/9$，$\beta=3/40$，$\beta^*=0.09$，$\sigma=0.5$ 和 $\sigma^*=0.5$。

无滑移条件 $k=0$ 和 $\omega=10(6\mu/\beta\rho y_1^2)$这一设置可实现对近壁面处的流体黏性的精细模拟。其中 y_1是离开壁面第一个点到壁面的距离，最大值应小于 1。

4）SST k-ω 两方程湍流模式

本书使用的剪切应力输运 k-ω 模型(shear-stress-transport，SST k-ω)使用了标准 k-ω 模型和 k-ε 模型两种模型，前者在近壁面处计算比较准确，而后者更适合边界层边缘及自由剪切层，这样在流场中按不同区域分别采用模型的方式可以得到更为准确的结果。

湍动黏度 μ_t在 SST k-ω 模型中可表示为

$$\mu_t = \frac{a_1 k}{\max(a_1 \omega \Omega F_2)} \tag{2.35}$$

式中：Ω 为涡量的绝对值；$a_1=0.31$；F_2即混合函数，有

$$F_2 = \tanh\left\{\left(\max\left[2\frac{\sqrt{k}}{0.99\omega y}, \frac{500\mu}{\rho y^2 \omega}\right]\right)^2\right\} \tag{2.36}$$

模型中输运方程仍由 k 和 ω 表示，有

$$\frac{\partial(\rho k)}{\partial t} + \frac{\partial}{\partial x_j}\left[\rho u_j k - (\mu + \sigma_k \mu_t)\frac{\partial k}{\partial x_j}\right] = \tau_{tij} S_{ij} - \beta^* \rho \omega k \tag{2.37}$$

$$\frac{\partial(\rho\omega)}{\partial t} + \frac{\partial}{\partial x_j}\left[\rho u_j \omega - (\mu + \sigma_\omega \mu_t)\frac{\partial \omega}{\partial x_j}\right] = P_\omega - \beta\rho\omega^2 + 2(1-F_1)\frac{\rho\sigma_{\omega 2}}{\omega}\frac{\partial k}{\partial x_j}\frac{\partial \omega}{\partial x_j} \tag{2.38}$$

式中的生成项 $P_\omega = 2\gamma\rho(S_{ij} - \omega S_{nn}\delta_{ij}/3)\delta_{ij} \approx \gamma\rho\Omega^2$，最后一项为横向耗散项。项中参数 F_1可按下式计算，即

$$F_1 = \tanh\left\{\left(\min\left[\max\left[\frac{\sqrt{k}}{0.99\omega y}, \frac{500\mu}{\rho y^2 \omega}\right], \frac{4\rho\sigma_{\omega 2} k}{\mathrm{CD}_{k\omega} k}\right]\right)^2\right\} \tag{2.39}$$

式中：$\mathrm{CD}_{k\omega}$为横向扩散，有

$$\mathrm{CD}_{k\omega} = \max\left[\frac{2\rho\sigma_{\omega 2}}{\omega}\frac{\partial x \partial \omega}{\partial x_j \partial x_j}, 10^{-20}\right] \tag{2.40}$$

SST 模型常数取值有 $a_1=0.31$，$\beta^*=0.09$，$\kappa=0.41$。

用下标 1 和 2 分别代表在近壁区和远场，则模型中参数取值为：$\beta_1=0.075$，$\sigma_{k1}=0.85$，$\sigma_{\omega 1}=0.5$，$\gamma_1=0.553$；$\beta_2=0.0828$，$\sigma_{k2}=1.0$，$\sigma_{\omega 2}=0.856$，$\gamma_2=0.440$。SST $k-\omega$ 模型中与标准 $k-\omega$ 模型相比，不仅取不同的湍流常数，而且其对湍流黏度定义体现了湍流剪切应力在逆压梯度边界层的输运过程，并在方程中扩展出了横向耗散导数项，从而使 SST $k-\omega$ 模型可以表现更复杂的流动而扩大了该模型使用范围。

4. 控制方程离散

有限体积法也称为控制体积法（control volume method，CVM）[29]，它是对计算区域的一种空间离散化方式，其基本思想是：将计算域以网格形式离散并定义为控制体，利用离散点上的控制方程已知信息求解方程的导数和积分近似值。

应用有限体积法的控制方程的离散可通过标量 φ 的定常守恒输运方程来

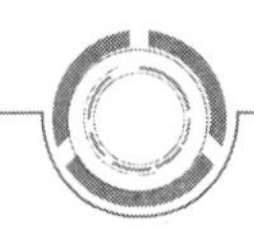

说明如何将积分形式的控制方程转化为可以数值求解的代数方程。

在流域中任取一个控制体 V,方程的积分形式为[50]

$$\int \rho\varphi \boldsymbol{u} \mathrm{d}A = \int \Gamma_{\varphi} \nabla\varphi \mathrm{d}\boldsymbol{A} + \int S_{\varphi} \mathrm{d}V \tag{2.41}$$

式中:ρ 和 $\boldsymbol{u}$ 分别为流体的密度和速度;$\boldsymbol{A}$ 为控制体表面面积向量;Γ_{φ}和 $\nabla\varphi$ 分别代表 φ 的扩散系数和梯度;S_{φ}为单位体积上 φ 的源。将计算域内的每个控制体积(或单元)按式(2.41)表示,即在给定单元上离散该方程,可得

$$\sum_{f}^{N_{\text{faces}}} v_f \varphi_f A_f = \sum_{f}^{N_{\text{faces}}} \Gamma_{\varphi} (\nabla\varphi)_n A_f + S_{\varphi} V \tag{2.42}$$

式中:f 为包围控制体的表面,其个数为 N_{faces},面积为 A_f;φ_f和 v_f分别为流过该表面的 φ 值和速度通量; $(\nabla\varphi)_n$为该面垂直方向的量值;V 为单元体积。

变量 φ 的离散值认为在单元中心,则从单元中心值插值可求出式(2.42)中的 φ_f。插值采用迎风格式[50],迎风即 φ_f的值由相对于面 f 的法向速度 u_n 在上游或上风的单元上的量获得,具体计算方法为

$$\varphi_f = \varphi + \nabla\varphi \cdot \Delta \boldsymbol{s} \tag{2.43}$$

式中:φ、$\nabla\varphi$ 和 $\Delta \boldsymbol{s}$ 分别为面 f 的上风单元的中心值、梯度和单元中心到面心的位移向量。用散度理论来计算出每个单元上的梯度 $\nabla\varphi$ 的离散形式,即

$$\nabla\varphi = \frac{1}{V} \sum_{f}^{N_{\text{faces}}} \widetilde{\varphi}_f \boldsymbol{A} \tag{2.44}$$

由此可看出,方程式(2.44)是由该单元包含的单元中心的未知变量 φ 和相邻单元上的未知值构成的非线性方程,用下标 nb 表示相邻单元,a_{p}和 a_{nb}表示 φ 和 φ_{nb}的线化系数可得到其线化形式,即

$$a_{\mathrm{p}} \varphi = \sum_{\mathrm{nb}} a_{\mathrm{nb}} \varphi_{\mathrm{nb}} + b \tag{2.45}$$

对每一单元而言,其相邻单元数由网格的拓扑形式决定,除了边界单元外,必等于包围此单元的面数。

将计算区域中的每一个网格单元使用方程式(2.45)离散后即可通过求解一个系数矩阵为稀疏矩阵的代数方程组来代替原有积分形式的控制方程。考虑到离散后所得方程组会因为其非线性而引起变量增量的误差,求解时需要采用亚松弛法使增量略小于实际计算值,即通过欠松弛减小每一步迭代产生的 φ 的改变量。一个单元中变量 φ 的新值取决于旧值 φ_{old}和计算得到的变化量 $\nabla\varphi$,以及松弛因子 α,即

$$\varphi = \varphi_{\mathrm{old}} + \alpha \nabla\varphi \tag{2.46}$$

至此,即可采用常用的代数方程求解法来求解该方程组,得到流场的解。

5. 控制方程求解算法

按照对控制方程求解顺序的不同,求解算法可分为图 2.4 所示的分离求解和耦合求解两种方式。

分离求解方法以动量和压力为主要变量,按顺序求解压力方程及动量方程。

耦合方法则是对连续方程、动量方程和能量方程的求解同时进行的,随后再对湍流方程和辐射方程等其他附加方程进行求解。耦合算法中既可以以动量和压力为主要变量,同时求解压力方程和动量方程后求解连续性和组分方程,也可以按照向量形式同时对连续性、动量、能量和组分方程进行求解之后再求解状态方程得到压力。

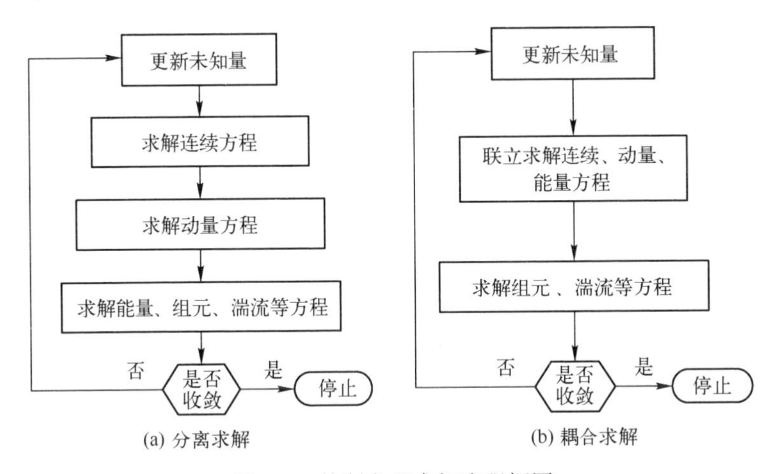

图 2.4 控制方程求解流程框图

此外,求解算法按对控制方程在控制体中进行线化和求解的方法不同,还可分为隐式和显式两种格式。

由于分离算法是顺序求解方程,对每个流场变量的求解是独立进行的,则对每个控制体求解方程时只能采取以隐式方式表示变量的隐式求解。耦合算法中则这两种格式都可以使用。

由于代数方程组的形式不同,使用隐式格式时对方程组用的求解为高斯-赛德尔(Gauss-Seidel)迭代法,而使用显式格式时使用的是用龙格-库塔(Runge-Kutta)法。

耦合求解方法适用于大多数的单相流和求解一些流动的耦合现象,而分离求解则只适合求解一些压缩性较低的流动。相比分离求解方法,耦合求解方法

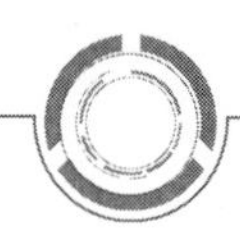

性能更加优越,但是要比前者多用 1~1.5 倍的内存。同样,隐式方法虽然时间步的限制更加严格、更容易收敛,但是也要耗费更多的内存。

由于耦合算法对流场的适应范围更广,本书采用耦合算法进行流场计算,为了更快收敛,本章选用隐式耦合算法进行定常流稳态计算。但对第 3 章的气动弹性问题,则必须采用以龙格-库塔法求解的显式耦合算法来计算非定常流。

6. 加速收敛措施

由于求解过程中的迭代方法只能消除高频误差,所以当网格上的高频误差迅速衰减后,由于低频误差的影响,解的收敛速度会大大降低。该问题可采用多重网格技术[52](multi-grid method)来解决。该方法的思想是使迭代法不同粗细程度的网格间循环,利用误差与网格尺寸的相关性,令误差中的高频部分在细网格上先被消除,当余下的低频误差传递到粗网格时,部分误差由于网格尺寸的变化可转化为对粗网格而言的高频误差而被迭代法消除,再逐层返回到细网格上。这一过程反复进行可逐渐消除各种误差分量,从而加速解的收敛,并从理论上已证明是收敛的[53]。

多重网格法包括代数多重网格(algebraic multi-grid,AMG)法和全逼近存储(full-approximation storage,FAS)法两种。FAS 方法计算非线性问题更为优秀,但只能与耦合显式求解器配合使用,且占用更多内存。考虑到飞行器的非定常流计算具有较强的非线性,所以在本书的计算中,在使用显式格式进行气动弹性计算时,用龙格-库塔法求解,同时用 FAS 多重网格法加速计算。在使用隐式格式计算定常流场时为了节省内存,耦合算法使用高斯-赛德尔法与 AMG 法联合完成方程求解。

7. 边界条件和初始条件设定

根据风洞试验的大气条件,设定计算域的远场边界为无反射边界条件,静压取一个标准大气压,即 101325Pa,当地温度为 288K;根据导弹的弹道数据取来流马赫数 Ma 的值为 0.4~3.0,攻角的取值为 2°~10°,在这两个区域挑选不同的来流马赫数和攻角的组合设定速度条件;设定导弹弹体表面和尾翼面为无滑移壁面;由于导弹采用“×”形布局,建模后可以只取一半流场作为计算域以节省计算资源和时间,则这 1/2 的流域应设定相应的面为对称面。以压力远场的边界条件为初始条件对流场进行初始化。流场的定常计算所参考的风洞试验数据已经无量纲化,为了便于对比,可在迭代开始前指定好特征长度 L 便于监视各项气动力参数的收敛过程。

2.3 流场计算结果

本书判定流场计算收敛的标准除了残差应下降3个数量级以下，更是需要监测气动参数升力系数 C_L 和阻力系数 C_D 是否收敛到一定值。如图2.5和图2.6所示，采用上述设置的流场计算均能取得收敛，并提取出可靠的气动力参数。

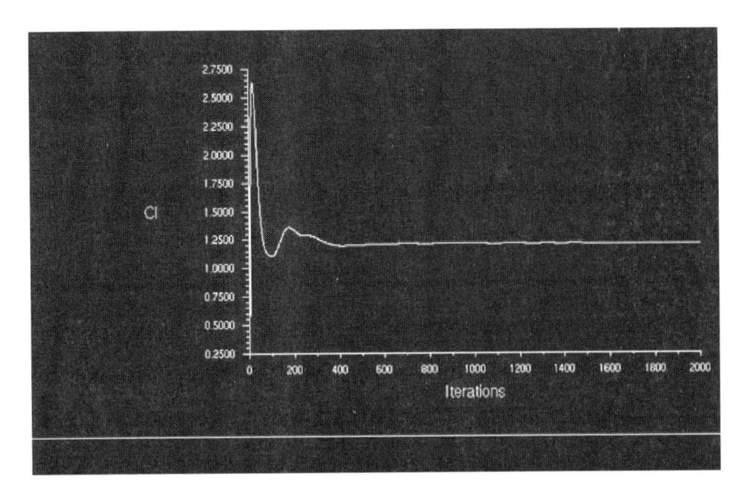

图2.5 升力系数收敛过程

以马赫数 Ma 为0.6、攻角为6°为例，图2.7所示为翼面的压力云图，翼面的表面静压力可基于网格节点输出作为气动弹性分析的输入。

为了证明本书流体仿真方案的可靠性，选取6个马赫数 Ma，即0.4、0.6、1.0、1.2、2.01、2.51，5个攻角，即2°、4°、6°、8°、10°进行组合，共计算了30个状态。图2.8至图2.10将这些算例算出的相对压心系数（对弹顶部）、法向力系数和轴向力系数的仿真结果与风洞试验结果对比，可以看出仿真值和试验值吻合良好。

为了节省计算时间和降低分析的复杂度，本书倾向于使用非结构化网格来进行仿真，结构化网格只使用于马赫数大于2的算例。对湍流模型的选择为在亚声速段使用S-A模型，在跨声速和超声速段使用SST $k-\varepsilon$ 模型。这样的选择是因为结构化网格和SST $k-\varepsilon$ 模型可以较强地适应高马赫数段的气流突变，而S-A模型可以较快取得收敛。

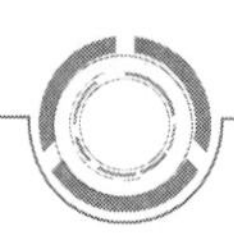

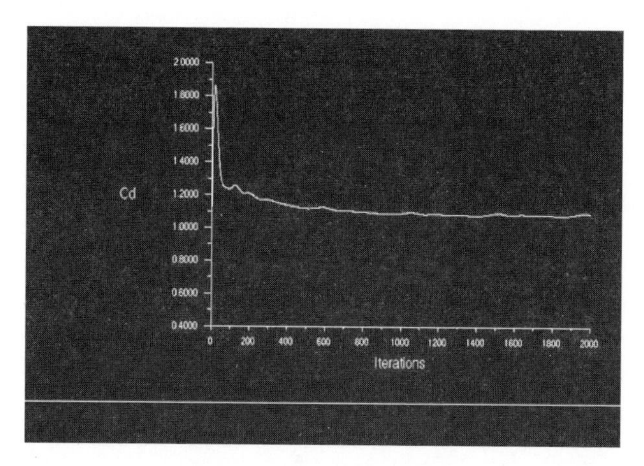

图 2.6　阻力系数收敛过程

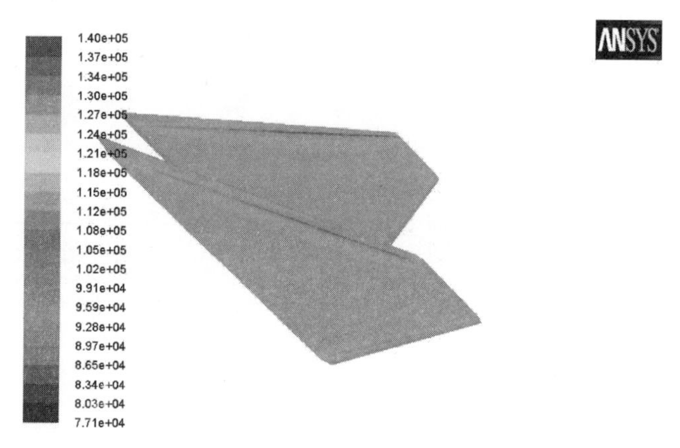

图 2.7　翼面压力云图

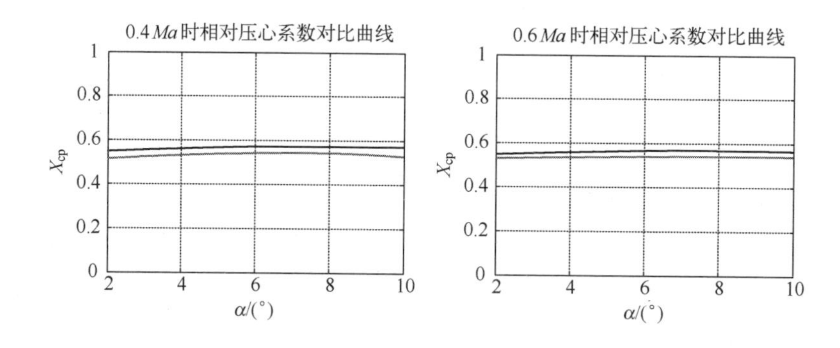

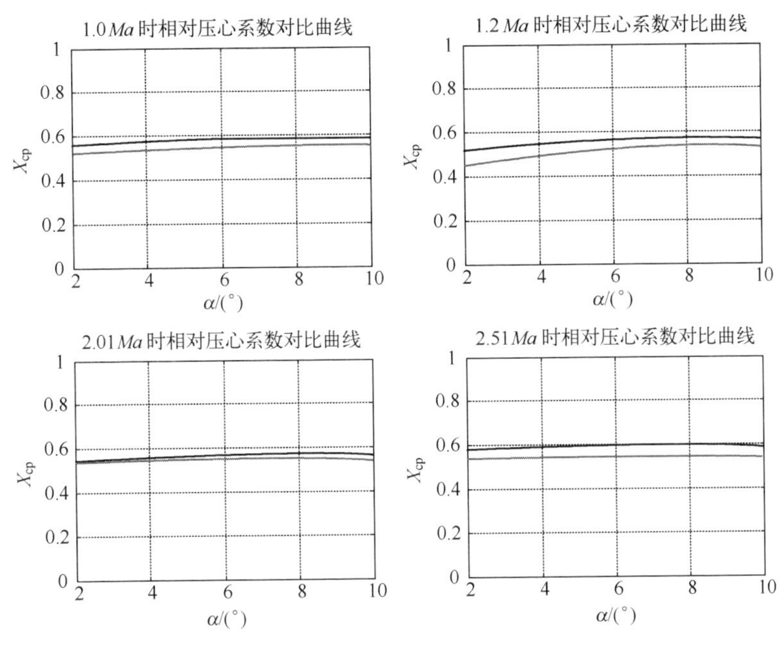

图 2.8　各马赫数状态的相对压心系数对比曲线

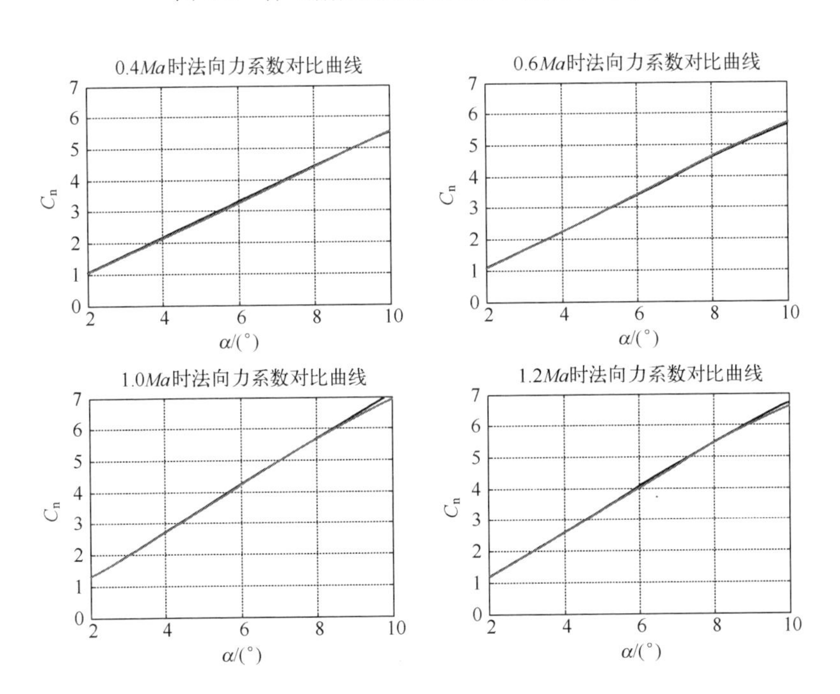

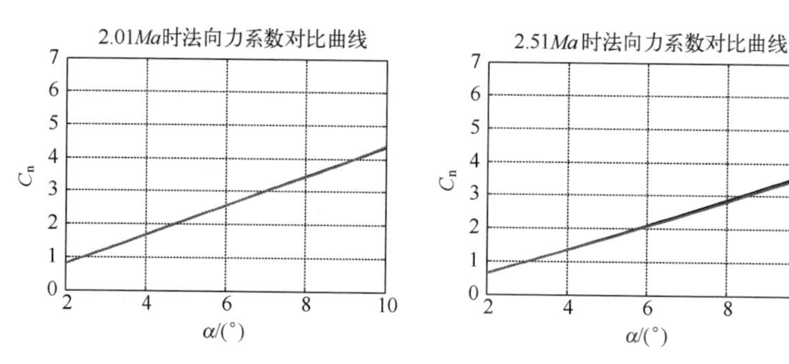

图 2.9　各马赫数状态的法向力系数对比曲线

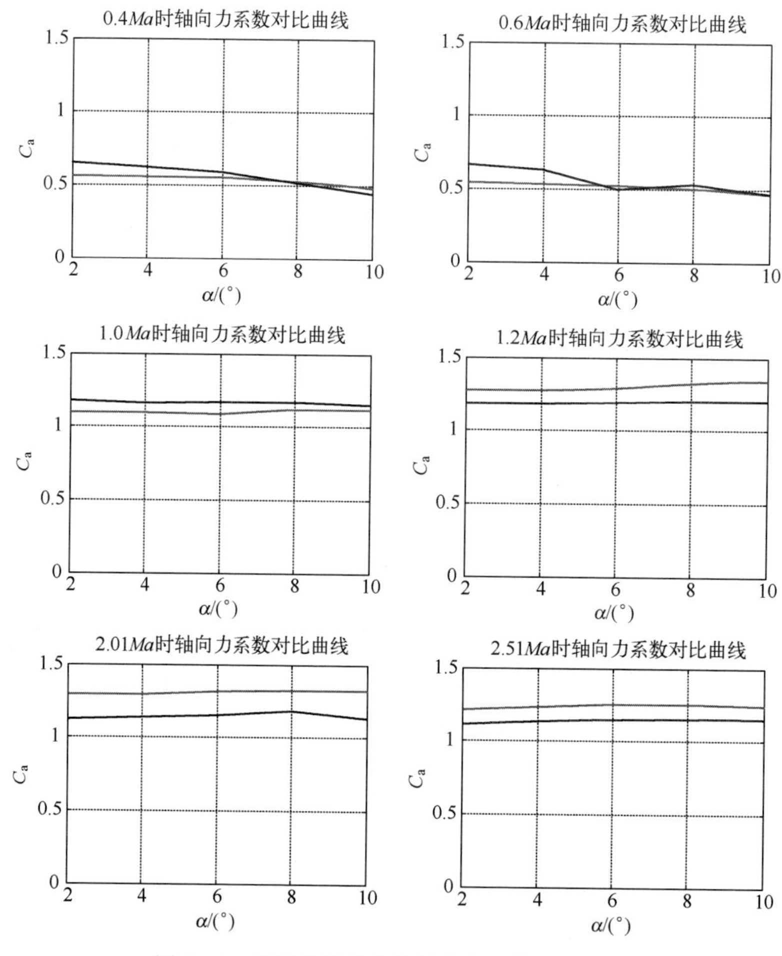

图 2.10　各马赫数状态的轴向力系数对比曲线

2.4 本章小结

本章采用了 CFD 技术对飞行器外流场进行了稳态模拟,探讨了不同飞行状态下对飞行器的气动仿真计算方案。计算出不同状态下全弹气动力/力矩系数并与风洞数据进行对比,结果吻合良好,验证了这种气动特性仿真结果的精确性。

法向力系数计算精度可以达到±3%以内,相对压心系数计算精度基本可以达到±10%以内,轴向力系数计算精度大多数情况下可达到±10%以内。

本章 CFD 计算得到的翼面表面压力分布将作为第 3 章结构变形的载荷。

3 第3章

基于计算流体力学/计算结构动力学的气动弹性仿真方案及验证

翼面作为一个弹性体,在工作环境中存在着气动弹性现象,有必要对其进行研究并进行仿真以满足优化中相应的约束要求。

气弹问题属于流-固耦合范畴,目前该领域的计算已发展出不同类型和精度的耦合计算方式。本书发展了一种气动力计算基于N-S方程,结构变形计算基于有限元法的流场/结构紧耦合方法,通过对AGARD 445.6机翼进行颤振分析,验证了该仿真方案的可行性,在此基础上对本书研究的翼面进行了气动弹性分析。

3.1 气动弹性求解方法简介

3.1.1 静气动弹性问题求解方法

由于现代航空技术的发展,将流场视为定常流场的静气动弹性问题已经得到了较好的解决。在工程实践中常采用柔度法、模态法、颤振法等方法进行计算分析。以这些方法为理论基础也发展出了相应的数值方法,并通过工程实践的应用被证明与试验数据吻合良好。比如目前对静气动弹性问题解决的通用方法是建立在多项式方法基础上,这种方法适用于结构小变形情况,满足于"直线法线"假设,利用"结构模态法"进行静气动弹性计算,与计算颤振特性一样,先计算出结构振动形状,再加上刚体运动模态来计算静气动弹性问题。

3.1.2 动气动弹性问题求解方法

非定常气动力求解的气动弹性动力学问题相对比较复杂。对颤振问题的求解必须求得系统所受的非定常气动力。在弹翼颤振分析计算中,常用的工程算法有简单条带理论、修正条带理论、板块法及活塞理论。20 世纪 70 年代以来,随着计算机的发展,使跨声速非定常气动力计算有了可能。基于小扰动方程的有限差分算法,已经形成了商品化的计算程序。现在基于全位势方程、Euler 方程、N-S 方程的方法都在蓬勃发展,成为当今气动弹性研究领域中一个非常活跃的分支。基于 N-S 方程的流-固耦合分析方法,是目前计算气动弹性研究的热点。该方法取决于计算流体力学和计算结构动力学及其耦合计算方法的成熟;另一方面是发展通用性好、计算效率高、适应性强的动网格技术和流体/结构之间的精确数据插值方法。

3.2 流场/结构时域耦合求解方法

3.2.1 计算流体力学非定常流场的求解

1. 非定常流场控制方程

对可压缩流的非定常 N-S 方程的微分形式为

$$\frac{\partial \boldsymbol{Q}}{\partial t}+\nabla(\boldsymbol{F}-\boldsymbol{F}_{\mathrm{v}})=0 \tag{3.1}$$

式中:$\boldsymbol{Q}$、$\boldsymbol{F}$、$\boldsymbol{F}_{\mathrm{v}}$分别为基于有限体积法的单元守恒量、非黏性通量和黏性通量。写成积分形式为

$$\iiint_{\Omega(t)}\frac{\partial \boldsymbol{Q}}{\partial t}\mathrm{d}\Omega+\iint_{\partial\Omega(t)}\boldsymbol{F}\cdot\boldsymbol{n}\mathrm{d}S-\iint_{\partial\Omega(t)}\boldsymbol{F}_{\mathrm{v}}\cdot\boldsymbol{n}\mathrm{d}S=0 \tag{3.2}$$

式(3.2)左边第一项可变换为

$$\iiint_{\Omega(t)}\frac{\partial \boldsymbol{Q}}{\partial t}\mathrm{d}\Omega=\frac{\partial}{\partial t}\iiint_{\Omega(t)}\boldsymbol{Q}\mathrm{d}\Omega-\iint_{\partial\Omega(t)}\boldsymbol{Q}(\boldsymbol{U}_{\mathrm{g}}\cdot\boldsymbol{n})\mathrm{d}S \tag{3.3}$$

式中:$\Omega(t)$为有限体积单元;$\boldsymbol{U}_{\mathrm{g}}$为速度;$\boldsymbol{n}$ 为有限体积单元表面$\partial\Omega(t)$上的法向量。式(3.3)可进一步转化为

$$\frac{\partial}{\partial t}\iiint_{\Omega(t)}\boldsymbol{Q}\mathrm{d}\Omega+\iint_{\partial\Omega(t)}(\boldsymbol{F}-\boldsymbol{Q}\boldsymbol{U}_{\mathrm{g}})\cdot\boldsymbol{n}\mathrm{d}S-\iint_{\partial\Omega(t)}\boldsymbol{F}_{\mathrm{v}}\cdot\boldsymbol{n}\mathrm{d}S=0 \tag{3.4}$$

采用基于有限体积中心格式离散式(3.4),得到半离散格式为

$$\frac{\partial \boldsymbol{Q}\Omega}{\partial t}+\sum[\boldsymbol{F}-\boldsymbol{Q}\boldsymbol{U}_{\mathrm{g}}(t)]\cdot\boldsymbol{n}(t)\Delta S-\sum\boldsymbol{F}_{\mathrm{v}}\cdot\boldsymbol{n}(t)\Delta S=0 \tag{3.5}$$

2. 时间离散格式

目前非定常 CFD 计算的研究焦点之一是发展 2 阶精度的时间离散格式,主要分为显式和隐式两类。以龙格-库塔法求解的显式格式很容易实现时间 2 阶精度或更高精度,程序实现也简单,但是在黏性计算时会因附面层内网格加密而使时间步长过小、迭代步数过多,时间耗费无法接受而影响应用。隐式方法种类较多,但对非定常计算求解而言,高斯-赛德尔法迭代法的计算量和储存量过大。在 20 世纪 80—90 年代已发展了如 AF-ADI[63] 和 LU-SGS(lower-upper symmetric Gauss-Seidel)[65] 等隐式快速算法来克服显式格式对时间步长的限制,加快解的收敛。但是以上方法只适用于第 2 章定常流场计算,在非定常流场计算中,时间部分的隐式差分算法具有缺陷而不得不对算法进行因式分解、线化等近似处理,从而导致时间方向只有不大于 1 阶精度。对于非定常计算,目前最常用的保证时间精度的高效计算方法是 Jameson[62] 双时间步法(dual-time-step)和增加内迭代的 LU 方法。这两种方法形式上与求定常解的隐式方法相类似,但是显式部分用非定常方程代替定常方程,而且都具有便于在 AF-ADI 和 LU-SGS 等隐式快速算法程序上修改和采用残值光顺和预处理等加速收敛技术的优点。此外,双时间步法还可以采用时间步长法加速收敛。本书采取了双时间步法,其原理是在实时间步长上加入一个虚拟时间步长进行实时间步长内的虚拟迭代,这种内迭代通过靠限定内迭代步数使残值趋于 0 达到接近时间 2 阶精度来提高 AF-ADI 和 LU-SGS 处理过程中损失的时间精度。

式(3.5)中,Ω、$\boldsymbol{U}_{\mathrm{g}}$和 $\boldsymbol{n}$ 都是随时间变化的量,用 Jameson 双时间(伪时间)法进行时间离散:实时间 Δt 采用 2 阶隐式的推进,伪时间 $\boldsymbol{\tau}$(pseudo-time)推进采用龙格-库塔方法和隐式高斯-赛德尔格式。时间相关项采用 2 阶隐式三点后差分为

$$\frac{3(\boldsymbol{Q}\Omega)^{n+1}-4(\boldsymbol{Q}\Omega)^{n}+(\boldsymbol{Q}\Omega)^{n-1}}{2\Delta t}=R(\boldsymbol{Q}^{n+1}) \tag{3.6}$$

式中:

$$R(\boldsymbol{Q}^{n+1})=-\left\{\sum[\boldsymbol{F}-\boldsymbol{Q}^{n+1}\boldsymbol{U}_{\mathrm{g}}(t)]\cdot\boldsymbol{n}(t)\Delta S-\sum\boldsymbol{F}_{\mathrm{v}}\cdot\boldsymbol{n}(t)\Delta S\right\} \tag{3.7}$$

对于双时间法的二重迭代,在每个真实的物理时间步长内,引入一个虚拟迭代过程,即引入

$$\Omega^{n+1}\frac{\mathrm{d}\boldsymbol{Q}}{\mathrm{d}\tau}=\overline{R}(\boldsymbol{Q}) \tag{3.8}$$

式(3.8)中

$$\overline{R}(\boldsymbol{Q})=\frac{3(\boldsymbol{Q})^{n+1}-4(\boldsymbol{Q})^{n}+(\boldsymbol{Q})^{n-1}}{2\Delta t}+R(\boldsymbol{Q}) \tag{3.9}$$

由此控制方程可化为一个关于 $\boldsymbol{Q}^{n+1}$ 的非线性方程,即

$$\begin{aligned}&\frac{(\boldsymbol{Q})^{m+1}-(\boldsymbol{Q})^{m}}{\boldsymbol{J}\Delta\tau}+\frac{3(\boldsymbol{Q})^{m+1}-4(\boldsymbol{Q})^{n}+(\boldsymbol{Q})^{n-1}}{2\boldsymbol{J}\Delta t}+\\&(\boldsymbol{Q})^{m+1}\frac{\partial\boldsymbol{J}^{-1}}{\partial t}+\{\nabla\cdot(\boldsymbol{F}-\boldsymbol{F}_{\mathrm{v}})\}^{m+1}=0\end{aligned} \tag{3.10}$$

式中:Δt 为物理时间(实时间)步长;$\Delta\tau$ 为虚拟时间(伪时间)步长;n 为实时间推进步数;m 为虚拟时间迭代步数。当 $m\to\infty$ 时,$\boldsymbol{Q}^{n+1}=\boldsymbol{Q}^{m+1}$。这样方程在伪时间上成为定常问题,求出的定常解就是所要求的2阶精度的非定常解。既然是求定常解,各种加速收敛法如多重网格加速和残值光顺和时间步进法都可使用。

3.2.2 计算结构动力学气动弹性方程求解

1. 气动弹性控制方程

应用拉格朗日方程,分析气动弹性特性的结构运动方程为

$$\boldsymbol{M}\ddot{\boldsymbol{u}}+\boldsymbol{C}\dot{\boldsymbol{u}}+\boldsymbol{K}\boldsymbol{u}=\boldsymbol{f}_{\mathrm{s}} \tag{3.11}$$

式中:$\boldsymbol{M}$、$\boldsymbol{C}$ 和 $\boldsymbol{K}$ 分别为质量、结构阻尼和结构刚度的矩阵;$\boldsymbol{f}_{\mathrm{s}}$ 为结构上受到的载荷即气动力向量;$\boldsymbol{u}$ 为所求的结构变形位移向量。由于本书的弹翼变形较小,弹性力仍在线性范围内,所以 $\boldsymbol{M}$、$\boldsymbol{K}$ 都是实对称矩阵。可对结构变形使用模态叠加法来分析,即

$$\boldsymbol{u}=\boldsymbol{\Phi\xi}=\sum_{i=1}^{I}\phi_i\xi_i \tag{3.12}$$

$$\boldsymbol{\Phi}=[\phi_1\quad\phi_2\quad\cdots\quad\phi_I],\boldsymbol{\xi}=[\xi_1\quad\xi_2\quad\cdots\quad\xi_I]$$

式中:ϕ_i 为第 i 阶结构模态振型;ξ_i 为和该阶振型对应的广义坐标;I 为振型阶数。将式(3.12)代入方程式(3.11)并左乘 $\boldsymbol{\Phi}^{\mathrm{T}}$ 即可在模态空间上表示结构运动方程,其形式为

$$\ddot{\boldsymbol{\xi}}+[\varepsilon]\dot{\boldsymbol{\xi}}+[\omega]\boldsymbol{\xi}=\boldsymbol{f}_{\mathrm{g}} \tag{3.13}$$

其中:

$$[\varepsilon]=\boldsymbol{\Phi}^{\mathrm{T}}\boldsymbol{C}\boldsymbol{\Phi}=\begin{bmatrix}2\varepsilon_1\omega_1 & & & \\ & 2\varepsilon_2\omega_2 & & \\ & & \ddots & \\ & & & 2\varepsilon_I\omega_I\end{bmatrix}$$

$$[\omega]=\boldsymbol{\Phi}^{\mathrm{T}}\boldsymbol{K}\boldsymbol{\Phi}=\begin{bmatrix}\omega_1^2 & & & \\ & \omega_2^2 & & \\ & & \ddots & \\ & & & \omega_I^2\end{bmatrix}$$

$$\boldsymbol{f}_{\mathrm{g}}=\boldsymbol{\Phi}^{\mathrm{T}}\boldsymbol{f}_{\mathrm{s}}$$

式中:ε_I、$[\omega]$和$\boldsymbol{f}_{\mathrm{g}}$分别为第 i 阶振型的模态阻尼系数、刚度矩阵和广义气动力(模态气动力),有

$$\boldsymbol{f}_{\mathrm{g}}=\iint_{\mathrm{s}} p(x,y,z,t)\boldsymbol{\Phi}_i(x,y,z)\,\mathrm{d}\boldsymbol{s} \tag{3.14}$$

式中:d$\boldsymbol{s}$ 为弹性体表面微元的面向量;$p(x,y,z,t)$为非定常压力,由于气弹响应特性主要是低阶振型对其的影响较大,所选取的振型阶数 I 可酌情取较少数量。为使求解更方便,可定义一个状态变量 $\boldsymbol{g}$,即

$$\boldsymbol{g}=[\boldsymbol{\xi}\quad \dot{\boldsymbol{\xi}}]^{\mathrm{T}} \tag{3.15}$$

则方程式(3.13)可写成

$$\dot{\boldsymbol{g}}=f(\boldsymbol{g},t)=\boldsymbol{A}\boldsymbol{g}+\boldsymbol{B}\boldsymbol{f}_{\mathrm{g}}(\boldsymbol{g},t) \tag{3.16}$$

其中:

$$\boldsymbol{A}=\begin{bmatrix}\boldsymbol{0} & \boldsymbol{I}\\ -[\omega] & -[\varepsilon]\end{bmatrix},\boldsymbol{B}=\begin{bmatrix}\boldsymbol{0}\\ \boldsymbol{I}\end{bmatrix} \tag{3.17}$$

可见基于模态的动气动弹性分析依赖于结构质量分布、刚度分布和非定常气动力载荷的建模和精确计算。在方程求解方面,由于式(3.16)是一个典型的右端函数,可以用线性多步法求解,即利用前几步的近似值获得一个高阶精度的差分格式来求解当前步的函数值。而显性的线性多步法对时间的高阶精度离散只计算一次函数值,且一个时间步内只调用一次流场,更适用于模块化调用非定常流场求解程序来求解气动弹性问题。Borland 和 Rizzetta[58] 以及之后的 Edward[59] 都率先使用了显性 Adams 线性多步法在时间域内推进气动弹性方程。

2. 气动弹性方程时域耦合求解

耦合求解结构动力学方程与流体力学控制方程可分直接求解法、松耦合方法和紧耦合方法3类。

直接求解只适合外形简单的可将气动力线性模型,而对复杂弹性体的气动力计算由于其非定常气动力没有办法得到与结构位移的显式表达式,则需要调用CFD流场求解器在结构变形后反复求解。因为很多常微分方程的求解方法如高阶的单步法需要下一步时间的函数值,而结构和流体部分各自的控制方程物理、数学特性完全不同,无法得到下一步的气动力,所以至今难以广泛应用。

松耦合是对流场和结构运动方程分别求解,只在每个冻结时间步上对两个场进行流-固界面的数据交换。该方法无论结构运动方程和流场求解器的时间精度如何高,整个耦合计算的时间精度也只是1阶。

紧耦合方法[65-66]即将结构运动方程和流体控制方程的时间项分别用2阶后差格式离散,在每一个物理时间步长内引入内迭代技术,采用上文介绍的Jameson[62]双时间法,引入伪时间τ推进气弹控制方程,在内迭代中交叉求解结构和流体方程,每一个伪时间步长上进行一次气动力和位移的交换。当内迭代收敛时,耦合计算的整体时间精度达到2阶。紧耦合因为在每个交错迭代步上都有数据交换和网格变形,会比松耦合耗费的计算机资源大得多,特别是网格数目较多时,动网格重构非常耗费机时。

Farhat和Lesoinne[67]将一些气动弹性中的流-固耦合方法分为串行求解和并行求解两类。而其对传统的串行和并行格式提出了改进,图3.1至图3.4给出了这4种格式的求解过程。

文献[67]表明以AGARD Wing 445.6算例的颤振计算结果来看,在精度满足要求的条件下,改进后的串行格式和并行格式都比各自的传统格式时间步长大,分别扩大了约5倍和3倍。在时间精度方面,并行格式的精度低于串行格式,但改进后并行格式精度显著提高,而且颤振周期收敛远比其他格式迅速,70~100个时间步就可以收敛,这得益于在紧耦合中的内迭代。

考虑到显式的线性多步法稳定性不如隐式,而且如采用内迭代的紧耦合求解颤振现象也不能发挥出原有一个时间步只调用一次流场求解程序的优点,本书采用了隐式的Adams线性多步法,并引入预估-校正方法(hybird predictor-corrector scheme)求解方程。该方法在一个时间步内调用两次流场求解器,预估步用显式方法,校正步用隐式方法,大大提高了稳定性,一个颤振周期内有30~50个计算点即可收敛[70]。

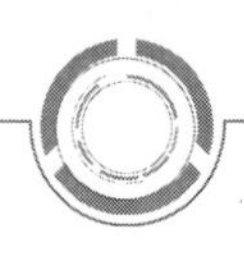

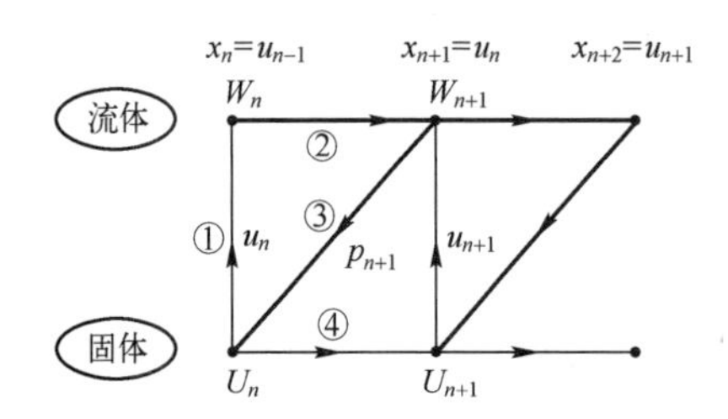

图 3.1　经典串行格式计算流程

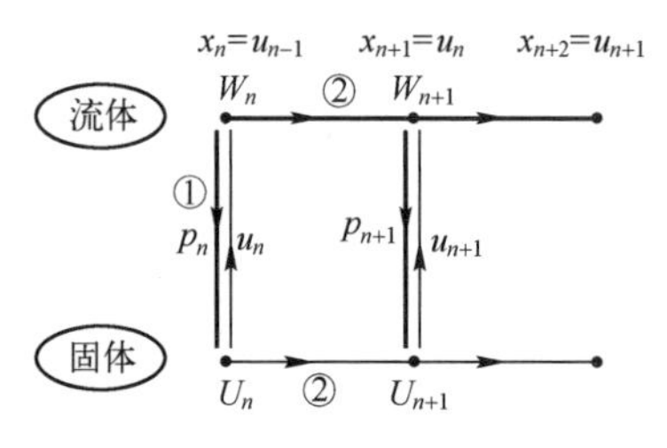

图 3.2　经典并行格式计算流程

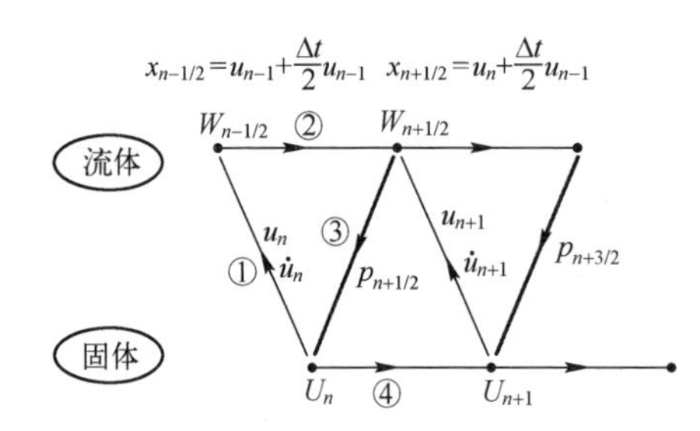

图 3.3　改进串行格式计算流程

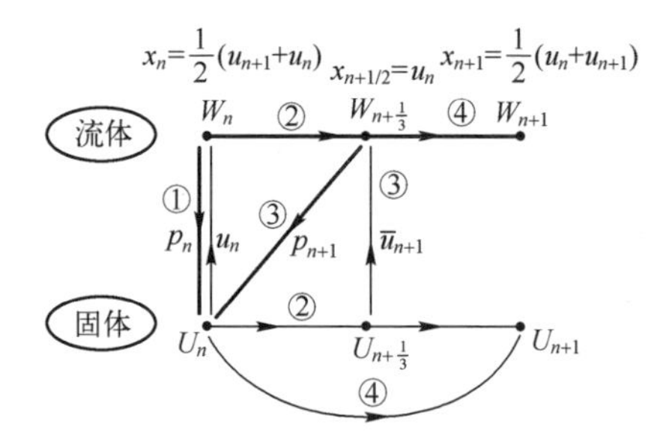

图 3.4　改进并行格式计算流程

3. 杂交的线性多步法

用 2 阶显式 Adams 线性多步法处理气动弹性控制方程式(3.16),可得到

$$\begin{aligned}\boldsymbol{g}_{n+1}&=\boldsymbol{g}_n+\frac{\Delta t}{2}(3f_n-f_{n-1})\\&=\boldsymbol{g}_n+\frac{\Delta t}{2}(3\boldsymbol{A}\cdot\boldsymbol{g}_n-3\boldsymbol{A}\cdot\boldsymbol{g}_{n-1})+\frac{\Delta t}{2}(3\boldsymbol{B}\cdot\boldsymbol{f}_{gn}-3\boldsymbol{B}\cdot\boldsymbol{f}_{gn-1})\end{aligned}\tag{3.18}$$

而使用预估-校正技术的 2 阶隐式 Adams 线性多步法处理式(3.16)后,预估步定义为

$$\begin{aligned}\overline{\boldsymbol{g}}_{n+1}&=\boldsymbol{g}_n+\frac{\Delta t}{2}(3f_n-f_{n-1})\\&=\boldsymbol{g}_n+\frac{\Delta t}{2}(3\boldsymbol{A}\cdot\boldsymbol{g}_n-3\boldsymbol{A}\cdot\boldsymbol{g}_{n-1})+\frac{\Delta t}{2}(3\boldsymbol{B}\cdot\boldsymbol{f}_{gn}-3\boldsymbol{B}\cdot\boldsymbol{f}_{gn-1})\end{aligned}\tag{3.19}$$

校正步为

$$\begin{aligned}\boldsymbol{g}_{n+1}&=\boldsymbol{g}_n+\frac{\Delta t}{2}\{f_n+f_{n+1}(\overline{\boldsymbol{g}}_{n+1},t+\Delta t)\}\\&=\boldsymbol{g}_n+\frac{\Delta t}{2}(\boldsymbol{A}\cdot\boldsymbol{g}_n+\boldsymbol{A}\cdot\overline{\boldsymbol{g}}_{n+1})+\frac{\Delta t}{2}\{\boldsymbol{B}\cdot\boldsymbol{f}_{gn}+\boldsymbol{B}\cdot\boldsymbol{f}_{gn+1}(\overline{\boldsymbol{g}}_{n+1},t+\Delta t)\}\end{aligned}\tag{3.20}$$

将 $n+1$ 时刻的气动力 $\boldsymbol{f}_{gn+1}$ 用 $\boldsymbol{f}_{gn-1}$ 和 $\boldsymbol{f}_{gn}$ 进行外插，有

$$\boldsymbol{f}_{gn+1}=2\boldsymbol{f}_{gn}+\boldsymbol{f}_{gn-1} \tag{3.21}$$

方程式(3.21)代入方程式(3.20)中，校正步可化为

$$\begin{aligned}\boldsymbol{g}_{n+1}&=\boldsymbol{g}_n+\frac{\Delta t}{2}\{f_n+f_{n+1}(\bar{\boldsymbol{g}}_{n+1},t+\Delta t)\}\\&=\boldsymbol{g}_n+\frac{\Delta t}{2}(\boldsymbol{A}\cdot\boldsymbol{g}_n+\boldsymbol{A}\cdot\bar{\boldsymbol{g}}_{n+1})+\frac{\Delta t}{2}(3\boldsymbol{B}\cdot\boldsymbol{f}_{gn}-\boldsymbol{B}\cdot\boldsymbol{f}_{gn-1})\end{aligned} \tag{3.22}$$

式(3.22)表明，采用外插技术处理广义气动力后，校正步中的结构部分虽然仍为隐式，但气动力部分退化成为同阶精度的显式格式，所以对流场的求解仅在预估步求解一次即可。

分析校正步的截断误差，有

$$\begin{aligned}\boldsymbol{g}_{n+1}&=\boldsymbol{g}_n+\frac{\Delta t}{2}(\boldsymbol{A}\cdot\boldsymbol{g}_n+\boldsymbol{A}\cdot\bar{\boldsymbol{g}}_{n+1})+\frac{\Delta t}{2}(3\boldsymbol{B}\cdot\boldsymbol{f}_{gn}-\boldsymbol{B}\cdot\boldsymbol{f}_{gn-1})\\&=\boldsymbol{g}_n+\frac{\Delta t}{2}\boldsymbol{A}\left\{\boldsymbol{g}_n+\frac{\Delta t}{2}(3f_n-f_{n-1})\right\}+\\&\quad\frac{\Delta t}{2}\{3(\boldsymbol{A}\cdot\boldsymbol{g}_n+\boldsymbol{B}\cdot\boldsymbol{f}_{gn})-(\boldsymbol{A}\cdot\boldsymbol{g}_{n-1}+\boldsymbol{B}\cdot\boldsymbol{f}_{gn-1})-3\boldsymbol{A}\cdot\boldsymbol{g}_n+3\boldsymbol{A}\cdot\boldsymbol{g}_{n-1}\}\\&=\boldsymbol{g}_n+\frac{\Delta t}{2}\boldsymbol{A}\left\{2\boldsymbol{g}_n+\frac{\Delta t}{2}(3f_n-f_{n-1})\right\}+\frac{\Delta t}{2}\{3f_n-f_{n-1}-3\boldsymbol{A}\cdot\boldsymbol{g}_n+\boldsymbol{A}\cdot\boldsymbol{g}_{n-1}\}\\&=\boldsymbol{g}_n+\frac{\Delta t}{2}\left\{2\boldsymbol{A}\cdot\boldsymbol{g}_n+\frac{\Delta t}{2}\boldsymbol{A}\cdot(3f_n-f_{n-1})+3f_n-f_{n-1}-3\boldsymbol{A}\cdot\boldsymbol{g}_n+\boldsymbol{A}\cdot\boldsymbol{g}_{n-1}\right\}\\&=\boldsymbol{g}_n+\frac{\Delta t}{2}\left\{\boldsymbol{A}\left(-\boldsymbol{g}_n+\boldsymbol{g}_{n-1}+\frac{3}{2}\Delta t\cdot f_n-\frac{1}{2}\Delta t\cdot f_{n-1}\right)+3f_n-f_{n-1}\right\}\end{aligned} \tag{3.23}$$

假设 $\boldsymbol{g}(t)$ 3 阶可微，$\boldsymbol{g}'$、$\boldsymbol{g}''$、$\boldsymbol{g}'''$ 为函数 $\boldsymbol{g}(t_{n-1})$ 的前 3 阶导数，即

$$\begin{aligned}&\boldsymbol{g}_{n+1}=\boldsymbol{g}_{n-1}+2\Delta t\boldsymbol{g}'+\frac{4}{2}\Delta t^2\boldsymbol{g}''+\frac{8}{6}\Delta t^3\boldsymbol{g}'''\\&\boldsymbol{g}_n=\boldsymbol{g}_{n-1}+\Delta t\boldsymbol{g}'+\frac{1}{2}\Delta t^2\boldsymbol{g}''+\frac{1}{6}\Delta t^3\boldsymbol{g}'''\\&f_n=\dot{\boldsymbol{g}}_n=\boldsymbol{g}'_{n-1}+\Delta t\boldsymbol{g}''+\frac{1}{2}\Delta t^2\boldsymbol{g}'''\end{aligned} \tag{3.24}$$

如 $\boldsymbol{g}_n=\boldsymbol{g}(t_n)$，$\boldsymbol{g}_{n-1}=\boldsymbol{g}(t_{n-1})$，则校正步的截断误差为

$$\begin{aligned}\boldsymbol{R}_{n,\Delta t}&=\boldsymbol{g}(t_{n+1})-\boldsymbol{g}_{n+1}\\&=\left(\boldsymbol{g}_{n-1}+2\Delta t\boldsymbol{g}'+\frac{4}{2}\Delta t^2\boldsymbol{g}''+\frac{8}{6}\Delta t^3\boldsymbol{g}'''\right)-\left(\boldsymbol{g}_{n-1}+\Delta t\boldsymbol{g}'+\frac{1}{2}\Delta t^2\boldsymbol{g}''+\frac{1}{6}\Delta t^3\boldsymbol{g}'''\right)-\end{aligned}$$

$$\frac{\Delta t}{2}\left(\boldsymbol{A}\cdot\Delta t^2\boldsymbol{g}''+\frac{7}{12}\boldsymbol{A}\cdot\Delta t^3\boldsymbol{g}'''+2\boldsymbol{g}'+3\Delta t\boldsymbol{g}''+\frac{3}{2}\Delta t^2\boldsymbol{g}'''\right)$$

$$=\frac{5}{12}\Delta t^3\boldsymbol{g}'''-\frac{\boldsymbol{A}}{2}\Delta t^3\boldsymbol{g}''-\frac{7}{24}\boldsymbol{A}\cdot\Delta t^4\boldsymbol{g}'''+O(\Delta t^4) \tag{3.25}$$

式(3.25)的截断误差是3阶,所以方程式(3.22)保证了2阶精度。同理可将方程式(3.21)换为高阶的差值方式以得到更复杂、精度更高的校正步求解格式。这便是显式/隐式杂交的线性多步法。

3.3 流-固耦合界面信息传递方案

3.3.1 流-固耦合界面信息传递的基本原理

流-固耦合现象如图3.5所示,在流场作用下,结构会产生变形和振动,从而影响周围流场,而流场的改变会接着改变作用在结构上的载荷。求解流场和结构的求解器按照下面的原理和法则[55-57]处理流-固界面数据的交换。

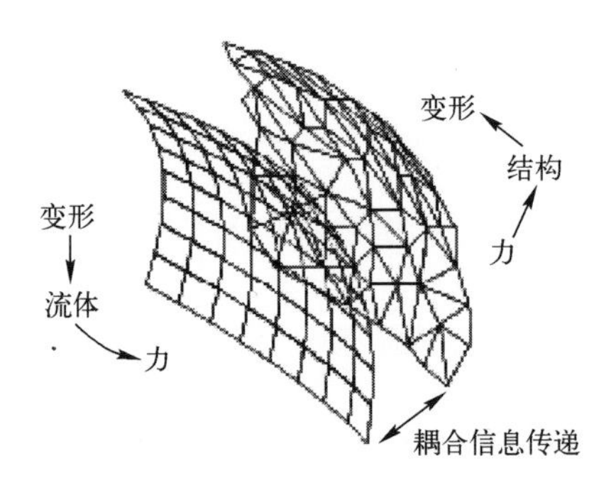

图3.5 流-固耦合分析示意图

1. 运动学连续性条件

运动学连续性条件为耦合面上流体和固体相应节点的位移和速度应保持不变。用下式表示位移连续条件,即

$$d_{\mathrm{f}}=d_{\mathrm{s}} \tag{3.26}$$

即

$$\begin{bmatrix} d_{fx} \\ d_{fy} \\ d_{fz} \end{bmatrix} = \begin{bmatrix} d_{sx} \\ d_{sy} \\ d_{sz} \end{bmatrix} \tag{3.27}$$

式中：d_f和d_s分别为流体和结构在耦合边界的位移；d_{fx}、d_{fy}、d_{fz}分别为d_f在x、y、z方向的位移分量；d_{sx}、d_{sy}、d_{sz}分别为d_s在x、y、z方向的位移分量。

速度连续条件可表示为

$$\boldsymbol{u}_f = \boldsymbol{u}_s \tag{3.28}$$

即

$$\begin{bmatrix} \boldsymbol{u}_{fx} \\ \boldsymbol{u}_{fy} \\ \boldsymbol{u}_{fz} \end{bmatrix} = \begin{bmatrix} \boldsymbol{u}_{sx} \\ \boldsymbol{u}_{sy} \\ \boldsymbol{u}_{sz} \end{bmatrix} \tag{3.29}$$

同理$\boldsymbol{u}_f$和$\boldsymbol{u}_s$分别为流体和结构耦合边界处的速度，$\boldsymbol{u}_{fx}$、$\boldsymbol{u}_{fy}$、$\boldsymbol{u}_{fz}$分别为d_f在x、y、z方向的速度分量；$\boldsymbol{u}_{sx}$、$\boldsymbol{u}_{sy}$，$\boldsymbol{u}_{sz}$分别为$\boldsymbol{u}_s$在x、y、z方向的速度分量。

耦合面上受力守恒，有

$$\sigma_s \boldsymbol{n}_s = \sigma_f \boldsymbol{n}_f \tag{3.30}$$

式中：σ_s、σ_f、$\boldsymbol{n}_s$、$\boldsymbol{n}_f$分别为结构、流体的柯西应力张量和外法线方向向量。由于耦合边界满足结构的 Newman 边界条件，式(3.30)可写成以下分量的形式，即

$$\begin{bmatrix} f_x \\ f_y \\ f_z \end{bmatrix} = \begin{bmatrix} P_x \\ P_y \\ P_z \end{bmatrix} \tag{3.31}$$

式中：f_x、f_y、f_z为固体在耦合界面上任一点沿x、y、z方向的应力分量；P_x、P_y、P_z为流体在耦合边界上任一点沿x、y、z方向的压强分量。

2. 能量守恒原理

能量守恒原理的要求为耦合作用的过程中耦合边界上流体力和固体力在界面位移上所做的虚功相等[58]，即

$$\delta W = \delta \boldsymbol{u}_s^{\mathrm{T}} \boldsymbol{f}_s = \delta \boldsymbol{u}_f^{\mathrm{T}} \boldsymbol{f}_f \tag{3.32}$$

式(3.32)中耦合面上固体和流体的虚位移分别用$\delta \boldsymbol{u}_s$和$\delta \boldsymbol{u}_f$表示，固体和流体的表面力分别为$\boldsymbol{f}_s$和$\boldsymbol{f}_f$。由此可推导虚位移之间关系为

$$\delta \boldsymbol{u}_f = \boldsymbol{H} \delta \boldsymbol{u}_s \tag{3.33}$$

式中：$\boldsymbol{H}$为传递矩阵，其形式由耦合方式决定，将式(3.33)代入式(3.32)可得到两种力的关系，即

$$\boldsymbol{f}_{\mathrm{s}}=\boldsymbol{H}^{\mathrm{T}}\boldsymbol{f}_{\mathrm{f}} \tag{3.34}$$

由此可见,流-固界面数据传递的关键在于传递矩阵 $\boldsymbol{H}$ 的求解。流-固界面力守恒的条件是转换矩阵 $\boldsymbol{H}$ 中行元素之和等于 1[71]。

3.3.2 流-固界面插值

求解气动弹性问题,气动载荷计算在 CFD 网格上完成,结构变形基于有限元网格计算。如图 3.6 所示,根据网格节点间的对应与否,流体域和固体域的离散有匹配网格和非匹配网格两种。由于 CFD 计算要求的网格密度基本都比相应有限元网格要密得多,所以耦合界面上的数据要在两套非匹配网格之间转换,即需要将 CFD 计算的气动载荷插值到有限元结构网格上;反过来,结构变形量需从有限元网格插值到 CFD 面网格上。

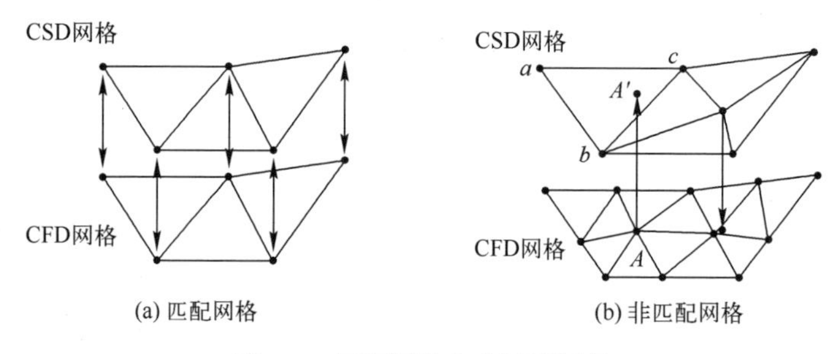

图 3.6　匹配网格和非匹配网格

插值方法根据网格间信息传递时求网格点的未知量是否需要耦合面全部网格点的已知信息求得,可分为局部插值法和整体插值法两种。

适用于三维曲面常用的插值方法有细平板样条法(TPS)、常体积变换法(CVT)和有限元四节点法(FEF)等。Goura 等[59]提出了一种常体积转换方法来处理在气动弹性耦合计算中流体表面和结构表面不匹配带来的数据传递问题。我国的徐敏、陈士橹[60-61]对该法进行了改进。

本书采用了常体积转换方法进行流-固界面插值,其基本思想为使气动点在结构单元平面内作正投影,在保证由结构点和气动点组成的四面体的体积守恒条件下,求解气动点超过平板的分量。该方法属于局部插值,其优点是不需要计算和存储矩阵并与结构模态的信息无关。

1. 映射点搜寻算法

CVT 法作为局部插值法,需要先计算节点间的映射关系。如图 3.7 所示,取流体或固体界面上的任一节点向固体或流体界面上对应的单元平面作正投影,若映射点正好在单元内部时,就称该单元为此节点的主单元,其垂足即为映射点。

如图3.8所示,若单元 ijk 为节点 $p(x_p)$ 的一个备选主单元,则节点 $p(x_p)$ 在单元 ijk 中映射点 p' 的坐标 $x_{p'}$ 满足

$$\boldsymbol{x}_{p'} = \sum_{i=1}^{2} [(\boldsymbol{x}_p - \boldsymbol{x}_0) g_i] g_i \tag{3.35}$$

垂足为

$$\boldsymbol{x}_n = [(\boldsymbol{x}_p - \boldsymbol{x}_0) g_3] g_3 \tag{3.36}$$

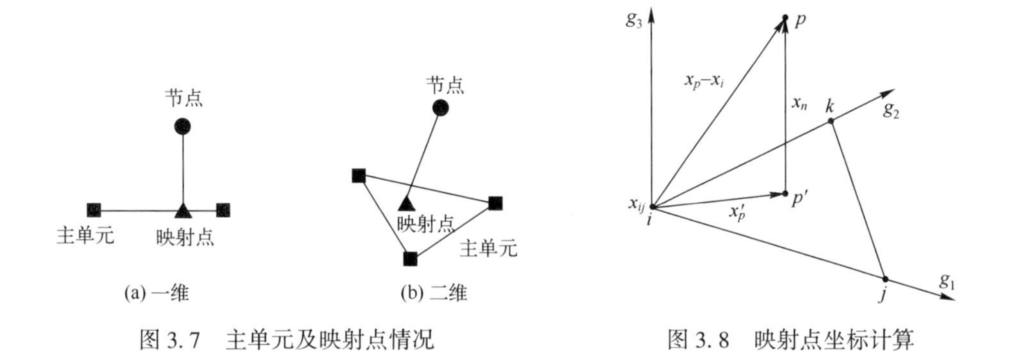

图3.7　主单元及映射点情况

图3.8　映射点坐标计算

这里需要根据 p' 点坐标值计算其形函数值以判断 p' 点是否在给定单元中。根据有限元概念,有

$$\boldsymbol{x}_{p'} = \sum_i N_i \boldsymbol{x}_i \tag{3.37}$$

且已知形函数之和为1,有

$$\sum_i N_i = 1 \tag{3.38}$$

对三维四面体单元,有

$$\begin{bmatrix} x_{p'} \\ y_{p'} \\ z_{p'} \\ 1 \end{bmatrix} = \begin{bmatrix} x_i & x_j & x_k & x_l \\ y_i & y_j & y_k & y_l \\ z_i & z_j & z_k & z_l \\ 1 & 1 & 1 & 1 \end{bmatrix} \begin{bmatrix} N_1 \\ N_2 \\ N_3 \\ N_4 \end{bmatrix} \tag{3.39}$$

式(3.39)可简化为

$$\boldsymbol{x}_p = \boldsymbol{N}\boldsymbol{x} \tag{3.40}$$

可求出

$$N=\boldsymbol{x}^{-1}\boldsymbol{x}_p \tag{3.41}$$

若形函数满足条件 $\min(N_i,1-N_i)\geqslant 0$,则可认为点 $x_{p'}$ 在该单元中。为防止主单元不止一个,附加判定标准为 $d_n=\|\boldsymbol{x}_n\|\leqslant\delta$,式中,$d_n$ 为法向距离;$\boldsymbol{x}_n$ 为计算所得的垂足;δ 为指定容差。

2. 常体积转换法

常体积转换法的思想是将每一个气动网格点 $a(t)$ 随时间推进的方式为以距离其最近的结构三角形单元的顶点 $s_i(t)$、$s_j(t)$ 和 $s_k(t)$ 来表示,即

$$a(t)=\alpha s_i(t)+\beta s_j(t)+\gamma s_k(t)+\nu(t)[(s_j(t)-s_i(t))\times(s_j(t)-s_i(t))] \tag{3.42}$$

式中:α、β、γ 为常数,且满足 $\alpha+\beta+\gamma=1$,由于 α、β、γ 需要满足

$$a^p(0)=\alpha s_i(0)+\beta s_j(0)+\gamma s_k(0) \tag{3.43}$$

式中,初始气动点位置 $a^p(0)$ 已知,求出 α、β、γ 后代回方程可得原结构点组成的三角平面内的正交投影点 $a(0)$,即

$$a(0)=\alpha s_i(0)+\beta s_j(0)+\gamma s_k(0)+\nu(0)[(s_j(0)-s_i(0))\times(s_j(0)-s_i(0))] \tag{3.44}$$

t 时间后的气动点可从式(3.17)确定,由气动点和结构三角形组成的四面体的体积守恒条件可求出 $\nu(t)$ 值。

3. 时间插值

处理瞬态问题时,流体 CFD 求解器和固体 CSD 求解器之间的时间插值可以这样处理:对弱耦合求解,流体和固体的求解器相互独立,每一个交换数据的耦合时间步称为 FSI 时间步,一个 FSI 时间步内 CFD 求解器和 CSD 求解器分别具有不同的时间子步 Δt_{f} 和 Δt_{s},若一个周期 T 内耦合时间步、流体、固体的时间步数目分别为 n_{FSI}、n_{f}、n_{s},其关系式有

$$\begin{aligned}T&=n_{\mathrm{FSI}}\cdot\Delta t_{\mathrm{FSI}}\\&=n_{\mathrm{f}}\cdot\Delta t_{\mathrm{f}}\\&=n_{\mathrm{s}}\cdot\Delta t_{\mathrm{s}}\end{aligned} \tag{3.45}$$

如图 3.9 所示,3 种时间步的协调关系按满足收敛条件时的时间子步 Δt_{f} 和 Δt_{s} 决定为 4 种类型,图 3.9(a)表示 FSI 时间步与 CFD、CSD 求解器中的时间子步相等,图 3.9(b)表示 FSI 时间步和 CFD 求解器中的时间子步相等,一个 FSI 时间步里含多个 CSD 时间子步,图 3.9(c)表示 FSI 时间步和 CSD 求解器中的时间子步相等,一个 FSI 时间步里含多个 CFD 时间子步,图 3.9(d)则表示在一

个 FSI 时间步内 CFD 和 CSD 时间子步的个数都是一个以上;对紧耦合求解,耦合时间步类型不变,每个时间子步内求解器增加了内迭代。

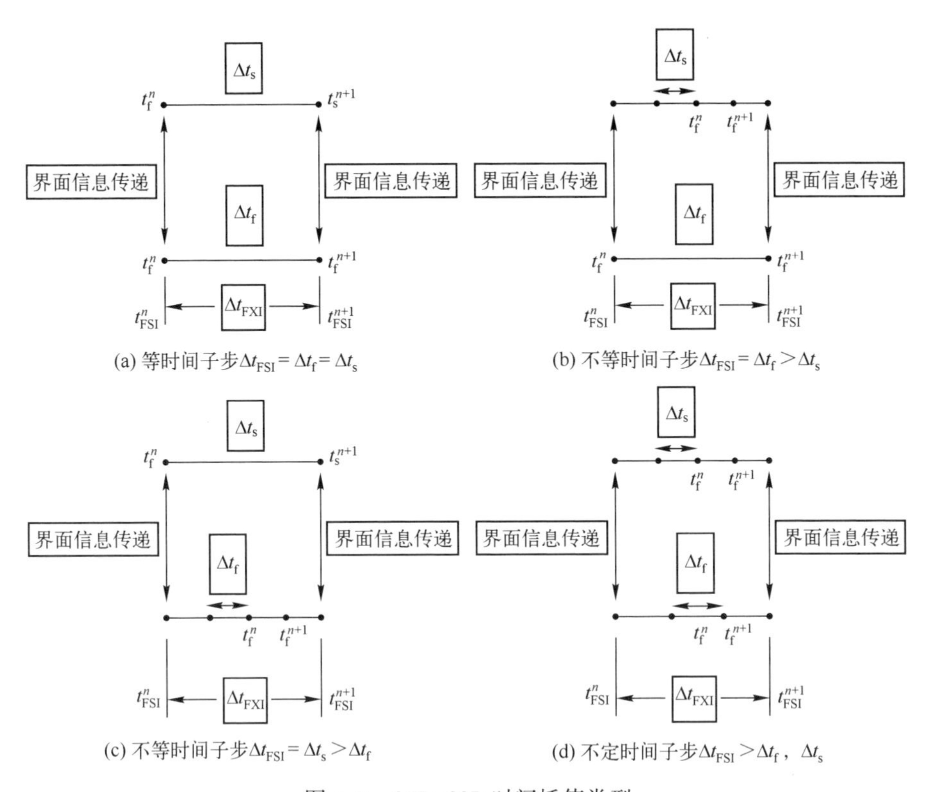

(a) 等时间子步$\Delta t_{FSI}=\Delta t_f=\Delta t_s$

(b) 不等时间子步$\Delta t_{FSI}=\Delta t_f>\Delta t_s$

(c) 不等时间子步$\Delta t_{FSI}=\Delta t_s>\Delta t_f$

(d) 不定时间子步$\Delta t_{FSI}>\Delta t_f$, Δt_s

图 3.9 CFD/CSD 时间插值类型

3.4 动网格算法

耦合计算中,前一步的气动载荷作用于结构产生结构弹性变形,这就使得下一步气动计算需要根据外形的变化生成新的 CFD 计算网格。为了模拟由于边界运动导致计算域随时间变化的流动问题,就需要引入动网格方法。

3.4.1 动网格计算中方程的离散

采用动网格后,流场任一标量 ϕ 在任一控制体内输运方程的积分形式变为[53]

$$\frac{\mathrm{d}}{\mathrm{d}t}\int_V \rho\phi \mathrm{d}V + \int_{\partial V} \rho\phi(\boldsymbol{u} - \boldsymbol{u}_g) \cdot \mathrm{d}\boldsymbol{A} = \int_{\partial V} \Gamma \nabla \phi \cdot \mathrm{d}\boldsymbol{A} + \int_V S_\phi \mathrm{d}V \quad (3.46)$$

式中:ρ、$\boldsymbol{u}$,$\boldsymbol{u}_g$和 Γ 分别为空气密度、气流速度、网格运动速度和耗散系数;S_ϕ为源项;∂V 为控制体积的边界。与普通输运方程相比,使用动网格的输运方程,方程左边增加了一项,即

$$-\int_{\partial V} \rho\phi\boldsymbol{u}_g \cdot \mathrm{d}\boldsymbol{A}$$

这一项就代表网格运动。

对方程非定常项使用 1 阶后差离散,有

$$\frac{\mathrm{d}}{\mathrm{d}t}\int_V \rho\varphi \mathrm{d}V = \frac{(\rho\varphi \mathrm{d}V)^{n+1} - (\rho\varphi \mathrm{d}V)^n}{\Delta t} \quad (3.47)$$

式中:n 和 $n+1$ 分别为当前时刻和下一时刻。$n+1$ 时刻的控制体体积 V^{n+1}可由下式计算,即

$$V^{n+1} = V^n + \frac{\mathrm{d}V}{\mathrm{d}t}\Delta t \quad (3.48)$$

由以下方程计算控制体体积对时间的导数,有

$$\frac{\mathrm{d}V}{\mathrm{d}t} = \int_{\partial V} \boldsymbol{u}_g \cdot \mathrm{d}\boldsymbol{A} = \sum_j^{n_\mathrm{f}} \boldsymbol{u}_{g,j} \cdot \boldsymbol{A}_j \quad (3.49)$$

n_f是控制体边界面的数量,右端点积的计算方法为

$$\sum_j^{n_\mathrm{f}} \boldsymbol{u}_{g,j} \cdot \boldsymbol{A}_j = \frac{\delta V_j}{\Delta t} \quad (3.50)$$

δV_j为控制体第 j 个面在 Δt 时间内扫过的体积。

3.4.2 网格运动形式

网格运动有 3 种常用的形式,即动态分层法、弹簧法和局部再啮合法。

1. 动态分层法网格运动原理

对于六面体和楔形网格区域可利用动态分层法在运动边界表面添加或删除网格层。该方法运动原理:当网格拉伸即运动边界表面网格高度大于事先指定的为其设定的理想高度 h_{ideal} 并超过一定范围时,该表面网格分隔成两层;网格压缩,则该层表面网格合并入上一层网格,如图 3.10 所示。

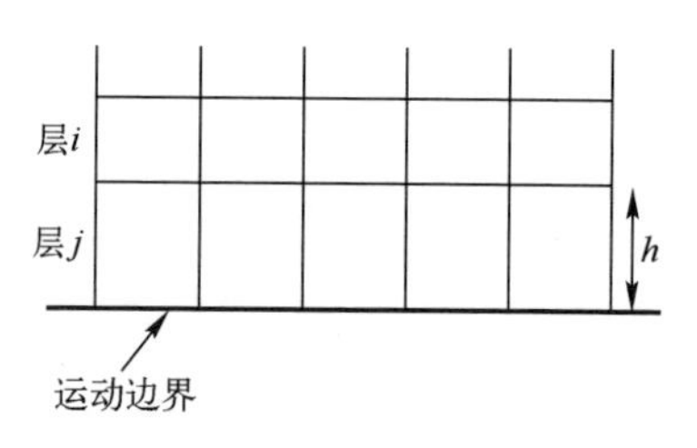

图 3.10 动态分层示意图

即当边界产生拉伸运动即第 j 层网格拉长时,若该层网格最小高度 $h_{\min}$ 增大到不满足下式时,该层网格将被分裂成两层,即

$$h_{\min} \leqslant (1+\alpha_s) h_{\text{ideal}} \tag{3.51}$$

其中 α_s 是分裂系数。分裂可按定高度分裂和定比率分裂这两种方式分裂。图 3.11(a)所示为定高度分裂,分裂后的两层网格高度分别为 h_{ideal} 和 $h-h_{\text{ideal}}$;如果按定比率分裂,分裂后两层高度之比为 α_s,如图 3.11(b)所示。

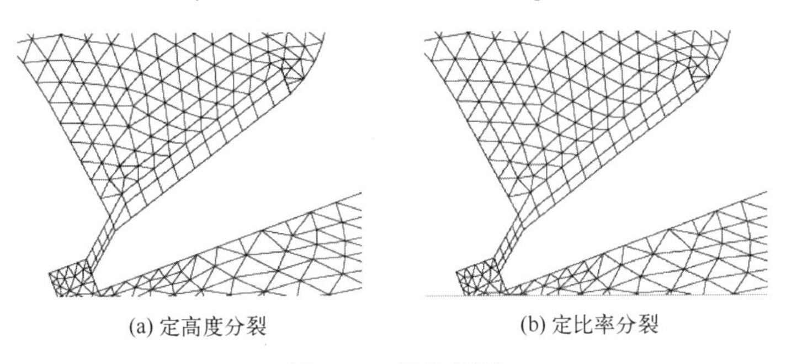

(a) 定高度分裂　　(b) 定比率分裂

图 3.11　网格分裂

相应地,当网格压缩至该层最小高度 $h_{\min}$ 不满足式(3.52)时,该层网格如图 3.10 中 i 层将合并如 j 层。

$$h_{\min} \geqslant \alpha_c h_{\text{ideal}} \tag{3.52}$$

式中:α_c 为合并系数。

2. 弹簧法网格运动原理

对于不太复杂的外形变化,不必每一计算时间步都生成新网格,而是可以充分利用前一时间步的已有网格和该时间步的结构变形信息,以某一方法得到 CFD 网格的位移变化,在前一时间步网格点上加上该位移变化来产生新网格。

对本书的气动弹性结构变形这类结构渐变过程,本书采用的是弹簧近似方法/弹簧法来更新非结构网格。

第 2 章提到,对非结构网格而言,通常有 3 种网格变形方法,即弹簧近似方法、弹性体方法和代数方法。代数法最简单,但只适合非变形且非常简单的情况,原理为网格点的位移由运动边界位移乘以一个系数得到,该系数在动边界上取 1,在流场外边界取 0,其间按一定函数规律插值。弹性体方法是将计算区域比作一个线性弹性体,通过求解弹性力学方程组来确定网格点的位置,该方法考虑周全、变形能力强,但效率低下。而弹簧法的变形能力虽不如弹性体方

法,但计算效率高,应用更广泛。

弹簧法网格变形的思想是将网格的各条边看作弹簧,弹簧系数与网格边的长度有关。当边界运动后,通过求解弹簧系统节点受力平衡问题确定网格点的新位置。在图 3.12 所示的扭转弹簧模型三维结构示意图中,把网格视为一个弹簧系统,每个节点都视为质点,每条边视为与其长度的倒数指数幂成正比的弹簧,以保证变形时相邻节点不会无限接近。视每条边与对应面间存在扭转弹簧来保证变形时该边不会穿过对应面。当耦合面网格发生位移时,按照弹簧受力平衡方程可以计算出网格位移量在整个计算域中的传递,获得下一步计算各个节点位置。非结构网格 i 节点的弹簧受力方程为

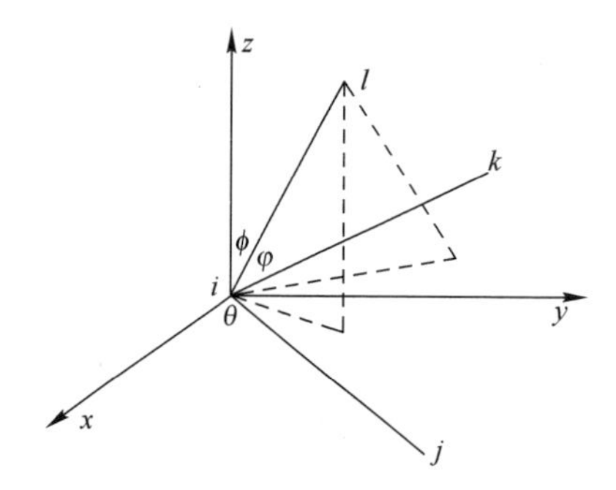

图 3.12　扭转弹簧模型三维结构示意图

$$\boldsymbol{F}_i = \sum_{j}^{n_i} k_{ij}(\Delta\boldsymbol{x}_j - \Delta\boldsymbol{x}_i) \tag{3.53}$$

式中:$\Delta\boldsymbol{x}_i$和 $\Delta\boldsymbol{x}_j$为节点 i 和节点 j 的位移;n_i为与节点 i 直接相连的节点个数;k_{ij}为节点 i 和 j 之间的弹簧刚度系数,由以下方程确定,即

$$k_{ij} = \frac{1}{\sqrt{|\boldsymbol{x}_i - \boldsymbol{x}_j|}} \tag{3.54}$$

当网格处于平衡状态时,每个节点受到的弹簧合力应为 0。

$$\begin{aligned} F^{ijk} &= F^{ijk}_{\text{linear}} + F^{ijk}_{\text{torsion}} = \\ &[K^{ijk}_{\text{linear}}]q^{ijk} + [\boldsymbol{R}^{ijk} C^{ijk}_{\text{torsion}} \boldsymbol{R}^{ijk\,\mathrm{T}}]q^{ijk} = 0 \end{aligned} \tag{3.55}$$

式中:F^{ijk}_{linear}、K^{ijk}_{linear}、C^{ijk}_{linear}分别为节点 i 变化引起的线弹簧、扭转弹簧作用力、线弹簧系数和扭转弹簧系数;q^{ijk}为四面体网格 4 个定点在 x、y、z 这 3 个方向的变形量;$\boldsymbol{R}^{ijk}$为扭转角变量到节点坐标变形量的转换矩阵。

这一条件可以写成以下迭代方程,即

$$\Delta \bar{x}_i^{m+1} = \frac{\sum_j^{n_i} k_{ij} \Delta \boldsymbol{x}_j^m}{\sum_j^{n_i} k_{ij}} \tag{3.56}$$

式中:m 为迭代次数,由于边界上节点的运动已知,可以按照式(3.56)确定计算域内部网格节点的位移,迭代至收敛时,有

$$\bar{x}_i^{n+1} = \bar{x}_i^n + \Delta \bar{x}_i^{m,\text{converged}} \tag{3.57}$$

式中:n 和 $n+1$ 为当前时刻和下一时刻,两时刻位移之差即迭代至收敛时节点 i 的最终位移。图 3.13 所示为按弹簧法变形前后的网格,网格数目不发生变化。

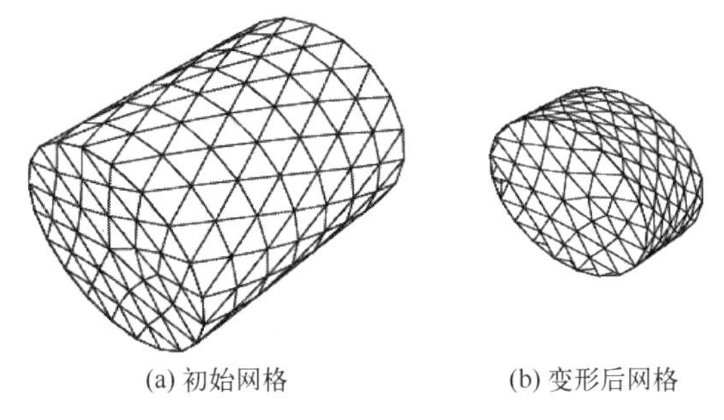

(a) 初始网格　　(b) 变形后网格

图 3.13　弹簧法网格变形

3. 局部再啮合法网格运动原理

虽然在四面体非结构网格区域,可用弹簧法实现网格运动。但当边界节点位移远大于当地网格尺寸时,网格质量将会严重下降,进而导致数值计算时流场难以收敛。所以,使用弹簧法之后,如图 3.14 所示,对扭曲率或尺寸不满足要求的网格必须进行重新划分。这种网格技术即局部再啮合法,事先给定网格尺寸的范围和质量要求,新网格不满足任一条件,如大于给定的尺寸最大值、小于给定的尺寸最小值或大于给定的扭曲率最大值的就被重新划分。

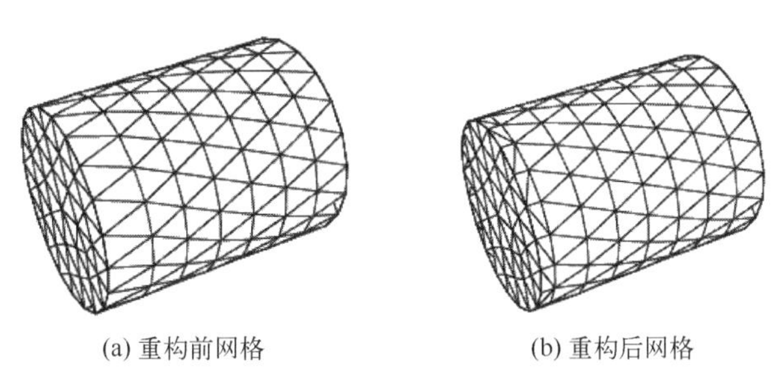

(a) 重构前网格　　(b) 重构后网格

图 3.14　局部再啮合法网格重构

3.5 翼面气动弹性数值模拟

3.5.1 气动弹性仿真方案

翼面颤振现象作为一种典型的动气动弹性现象,其发生与否的标准可采用在时域中同步推进基于 N-S 方程式(3.1)和气动弹性特性方程式(3.11)的方法所获取的位移响应曲线来判断。

图 3.15 给出了上述基于 CFD/CSD 方法的气动弹性数值模拟流程。

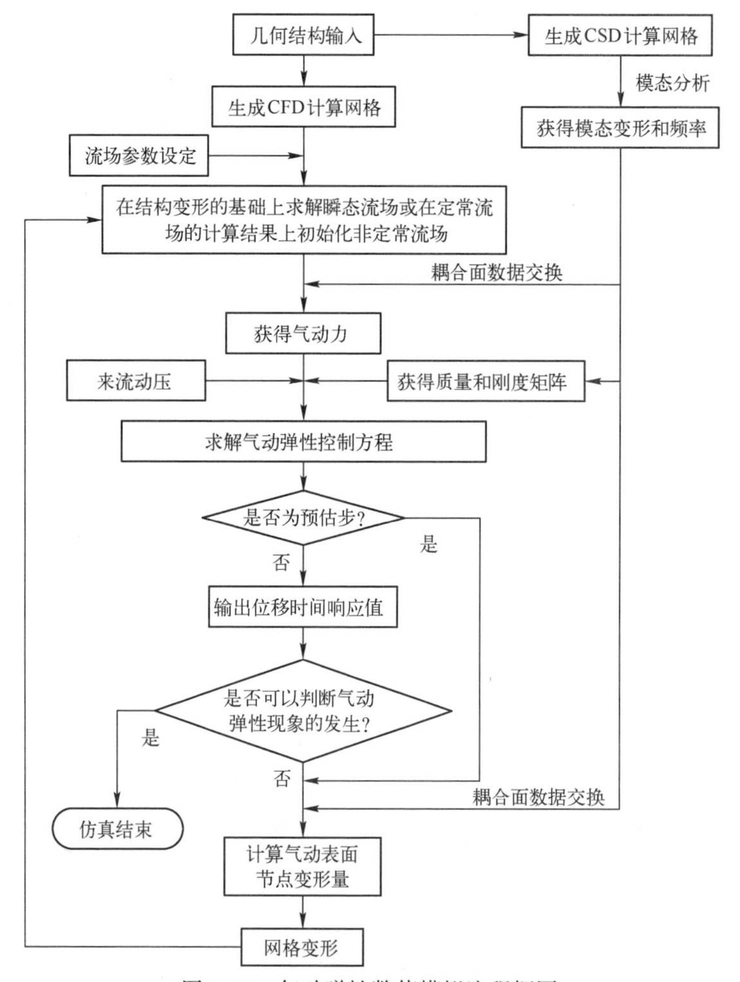

图 3.15 气动弹性数值模拟流程框图

(1) 提供几何模型给 CSD 和 CFD 求解器的前处理器,分别生成相应的结构网格和流体网格,结构软件会进行模态分析提取出 CSD 求解器所需要的各阶模态振型和频率值。

(2) 值得注意的是,要使结构产生动态响应,在耦合求解非定常气动弹性现象之前,要先给结构一个初始扰动量,如结构变形或者将非定常流场先用定常流场初始化。对于有攻角或迎角的情况,翼面除了动态变形外,定常气动力也会在弹性翼面上产生静变形,考虑到静变形对空气动力的影响,非线性结构振动需提前计算出静变形。静变形的计算即对于气动弹性控制方程,忽略结构阻尼,可变为

$$\boldsymbol{M}\ddot{\boldsymbol{u}}+\boldsymbol{K}\boldsymbol{u}=\boldsymbol{f}_{\mathrm{s}} \tag{3.58}$$

且结构变形与时间无关,方程式(3.56)变为

$$\boldsymbol{u}=\boldsymbol{C}\boldsymbol{f}_{\mathrm{s}} \tag{3.59}$$

式(3.59)由龙格-库塔方法即可求解。由此可见,静气动弹性分析取决于结构刚度准确度和定常气动载荷精度。如结构是刚性或忽略结构变形对气动载荷的影响,则方程式(3.58)只求解一次;反之则需反复调用气动力求解程序计算气动载荷至得到稳定解,这种方法称为柔度法。

具体步骤:让翼面以一定的攻角(迎角)、以希望的马赫数从静止状态启动,当流场稳定后,流体软件可以计算出在翼面(耦合面)上的定常气动力 $\boldsymbol{f}_{\mathrm{f}}$,依照前述的流-固界面信息传递原理,$\boldsymbol{f}_{\mathrm{f}}$将利用传递矩阵 $\boldsymbol{H}^{\mathrm{T}}$转化为插值在结构单元节点上的气动力载荷 $\boldsymbol{f}_{\mathrm{s}}$来参与气动弹性控制方程求解。

CSD 求解器随即可计算出静变形量即结构的位移 w_{s},但此时的位移不是结构的最终静变形,由于结构变形带来流场和气动力的变形,应将其在耦合面上插值为流体网格上的位移 w_{f}。网格变形程序按照这个新位移重新生成 CFD 计算网格,流体求解器将按这个新网格继续计算新的定常气动力。CSD 求解器计算出新的静变形量直至相邻两次变形量相同,循环结束。此时的变形量才是该攻角(迎角)下静变形。

(3) 得到静变形和稳定流场后,此时结构弹性力和气动力平衡,加上初始扰动后即可按前述流场/结构时域耦合方法求解动态响应过程。本书采取双时间法求解流体方程,在每个实时间步长中按当时的结构变形量生成网格,并求解出非定常气动力,插值到结构网格得到气动力载荷,紧接着计算出气弹方程中的广义气动力项,采用预估-校正格式的杂交线性多步法解出方程,得到新的结构变形量,该变形量插值到气动网格后的新形状将作为下个时间步长的流体控制方程的物面条件。随着时间的推进,便可得到该马赫数、攻角(迎角)下的

动态响应特性。

由于 CSD 求解器采用了使用预估-校正格式的杂交线性多步法,校正步并不需要再次调用流体求解器,而且流体求解采用双时间法后在实时间上是显示格式,所以流场和结构的求解可以保证很好的同步。而引入了伪时间的紧耦合中,在每个实时间步内通过子迭代使 N-S 方程和气弹方程的收敛保证了每个时间步上的高阶精度。

3.5.2 颤振仿真程序算例验证

本书选用 AGARD445.6 机翼来验证上述颤振数值模拟方法的准确性,该模型试验是在美国 NASA Langley 研究中心的跨声速动力风洞进行的,因为模型数据和风洞试验结果较为完整,是各国用于检验颤振计算方法和程序准确性的一个标准模型。

AGARD445.6 机翼的弦向翼型剖面为 NASA65A004 翼型,平面形状如图 3.16 所示,1/4 弦长后掠角为 45°,机翼展弦比为 1.6525,根梢比为 1.5207。机翼试验模型的材质为均匀的桃花心木薄板,并在板上钻孔以降低刚度,关于试验更详尽的描述可参考文献 AGARD report R-765[71]。

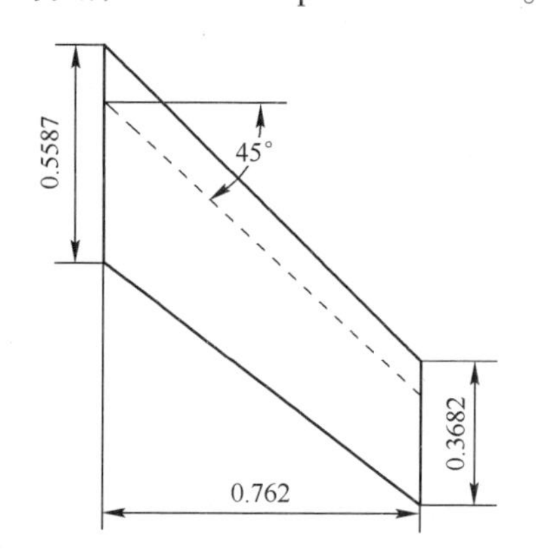

图 3.16 AGARD 445.6 机翼平面形状

CFD 计算网格采用非结构网格,如图 3.17 所示,计算域含 209527 个网格、1205748 个节点。本书流体求解采用的 SST k-ω 湍流模型封闭方程组。空间离散采用高阶离散,虚拟迭代过程中采用多重网格加速获得更快收敛,边界条件为在物面边界采用无滑移无穿透绝热壁条件,对称面为无滑移条件,在无穷远处采用无反射无滑移条件。压力远场按各种工况下雷曼变量的方向设定。

机翼结构网格如图 3.18 所示,含 857 个网格、6214 个节点。基于有限元法求出的机翼前 4 阶模态振型如图 3. 19 所示,为了验证结构网格和结构参数设置的合理性,表 3. 1 给出了本书计算出的模态值与试验值的比较,并引入了一些其他研究者的仿真模态值作为参考。

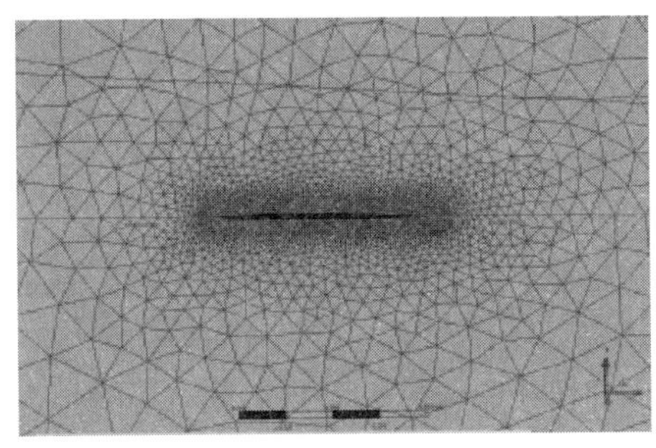

(a) 翼型截面网格

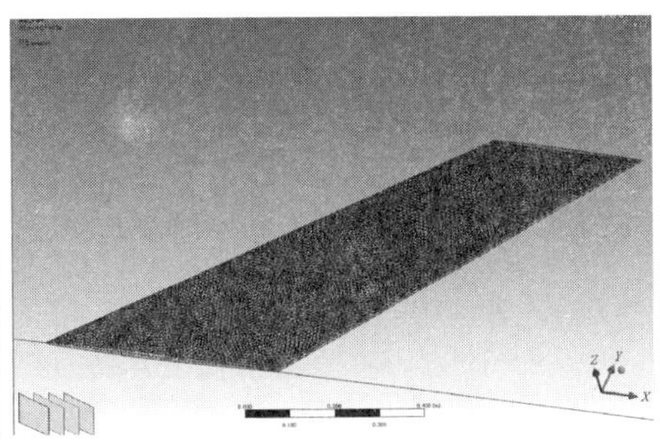

(b) 平面网格

图 3. 17　AGARD 445. 6 机翼气动网格示意图

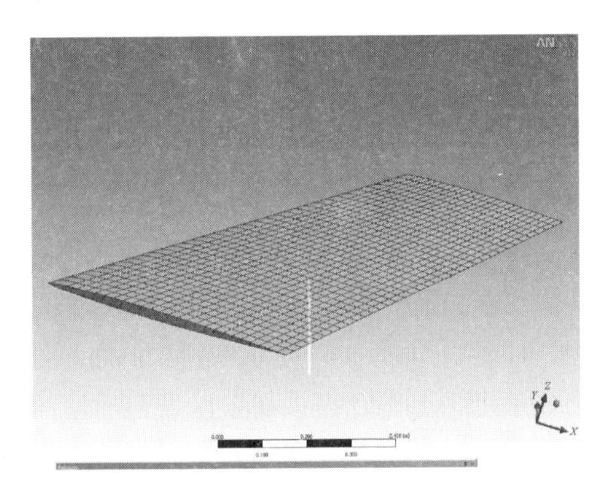

图 3. 18　AGARD 445. 6 机翼结构网格示意图

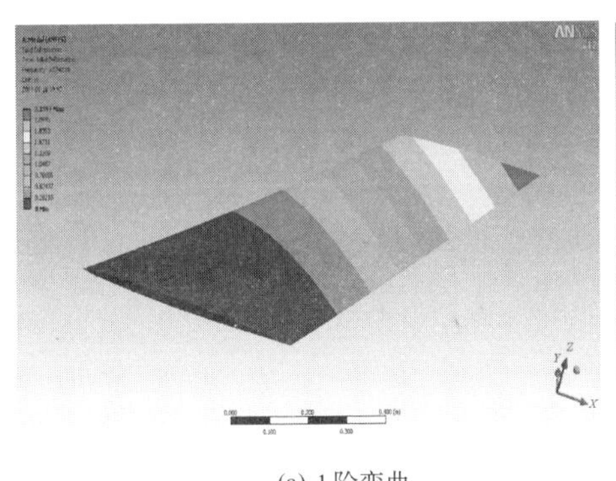

(a) 1 阶弯曲

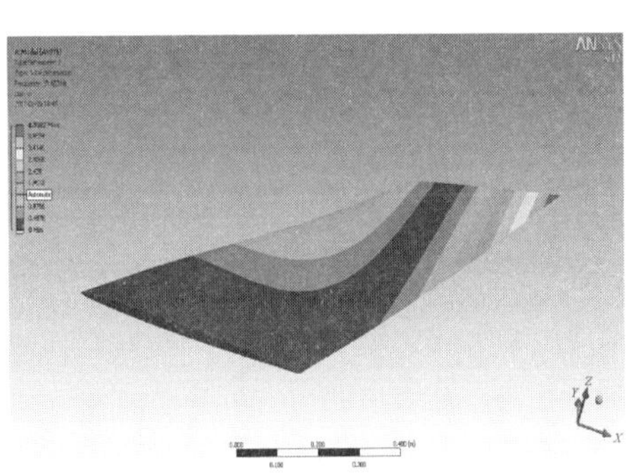

(b) 2阶扭转

图 3. 19　AGARD 445. 6 机翼前 4 阶模态变形图

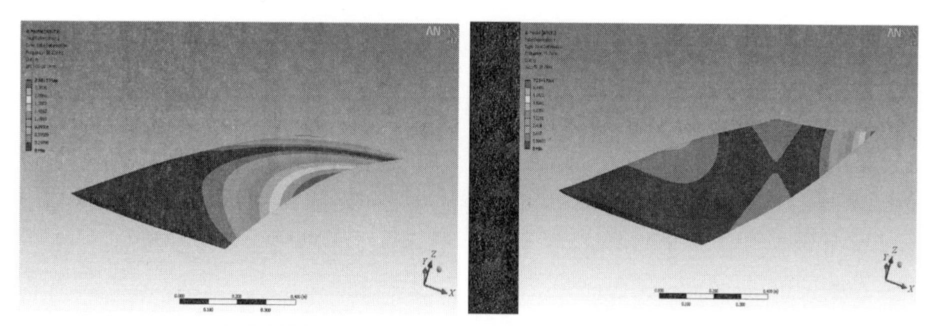

(c) 3阶弯曲　　(d) 4阶扭转

图 3.19　AGARD 445.6 机翼前 4 阶模态变形图(续)

表 3.1　AGARD 445.6 机翼前 4 阶模态表

模态/Hz	1 阶模态	2 阶模态	3 阶模态	4 阶模态
试验值[71]	9.60	38.17	48.35	91.54
Kolonay[72]	9.63	37.12	50.50	89.94
Goura[73]	9.67	36.84	50.24	90.00
本书	9.57	37.65	55.23	91.79

为了便于与文献[71]中的试验值相比对,在攻角(angle of attack,aoa)为 0°的条件下求解颤振边界。引入临界颤振系数 U_{f}这一概念,即

$$U_{\mathrm{f}}=\frac{U_{\infty}}{b_{\mathrm{s}}\omega_{\alpha}\sqrt{\mu}} \tag{3.60}$$

式中:U_{∞} 为发生颤振时的来流速度;b_{s} 为半根弦长,$b_{\mathrm{s}}=0.27935\mathrm{m}$;$\omega_{\alpha}$ 为结构 1 阶扭转固有频率,$\omega_{\alpha}=37.65\mathrm{Hz}$;$\mu$ 为质量系数,其含义为

$$\mu=\frac{m}{\rho_{\infty}V} \tag{3.61}$$

引入临界来流动压 $q_{\infty}=(\rho_{\infty}U_{\infty}^{2})/2$,将式(3.61)代入式(3.60),可得

$$U_{\mathrm{f}}=\frac{\sqrt{\dfrac{\rho_{\infty}U_{\infty}^{2}}{2}}}{b_{\mathrm{s}}\omega_{\alpha}\sqrt{\dfrac{m}{2V}}}=\frac{\sqrt{q_{\infty}}}{b_{\mathrm{s}}\omega_{\alpha}\sqrt{\dfrac{m}{2V}}} \tag{3.62}$$

式中:ρ_{∞} 为来流密度;m 为机翼的质量;V 为机翼的体积。由式(3.62)可见,速度系数和动压的平方根成正比。

采用前文所述的气动弹性仿真方案,对 AGARD 445.6 机翼进行了来流 Ma 取 0.499、0.96、1.072 和 1.141 这 4 个状态的颤振边界预测,在求解稳态流场时为 CFD 求解器给定来流速度 U 和密度 ρ,待流场稳定后在结构上加入一个小的初始速度扰动即可启动 CFD/CSD 紧耦合时域求解程序求解模态响应值。为了找出固定马赫数下的临界颤振速度,可通过调节动压 q 的值来获取不同的响应状态。对本算例而言,可参考文献中给出的各马赫数下的临界颤振动压 q_∞ 在其周围取动压 q,响应值应以不同频率振荡,其收敛和发散状态就是判断是否颤振的依据[98]。

仿真结果如下。

图 3.20 至图 3.22 给出了马赫数 $Ma=0.499$ 时不同动压 q 下的各阶广义坐标响应,可以看出当动压 q 小于临界颤振动压 q_∞ 时,振荡收敛,结构安全;动压 q 约等于临界颤振动压 q_∞ 时,振荡渐渐呈等幅状态,此时可认为是颤振临界点;动压 q 约等于临界颤振动压 q_∞ 时,振荡发散,结构将产生破坏。跨声速段 $Ma=1.141$ 的广义坐标响应见图 3.23 至图 3.25。由图中可见,第一振型的广义位移响应的振幅最大,其余 3 个振型的位移响应振幅很小,对整个机翼的颤振影响很小。

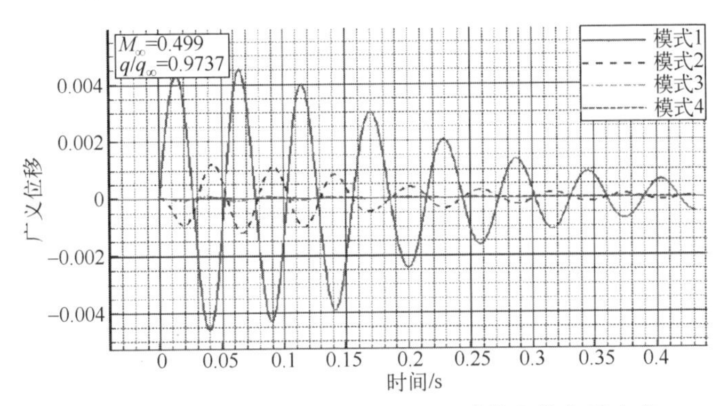

图 3.20 $Ma=0.499$、$q/q_\infty=0.9737$ 时的广义坐标响应

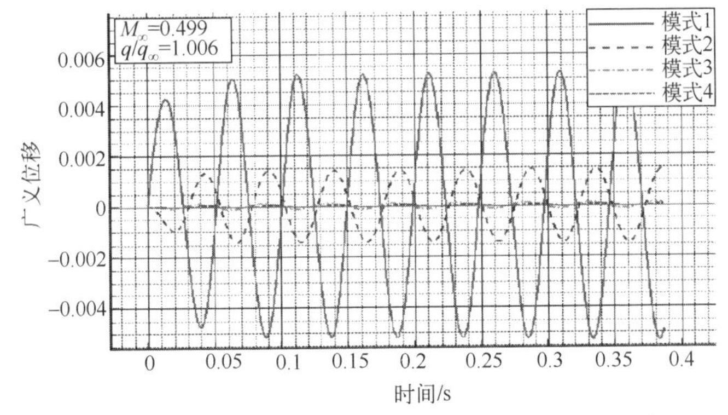

图 3.21 $Ma=0.499$、$q/q_\infty=1.006$ 时的广义坐标响应

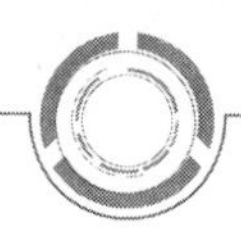

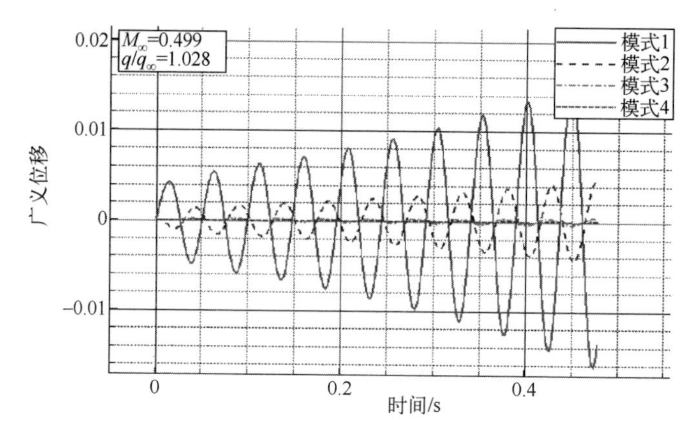

图 3.22　$Ma=0.499$、$q/q_\infty=1.028$ 时的广义坐标响应

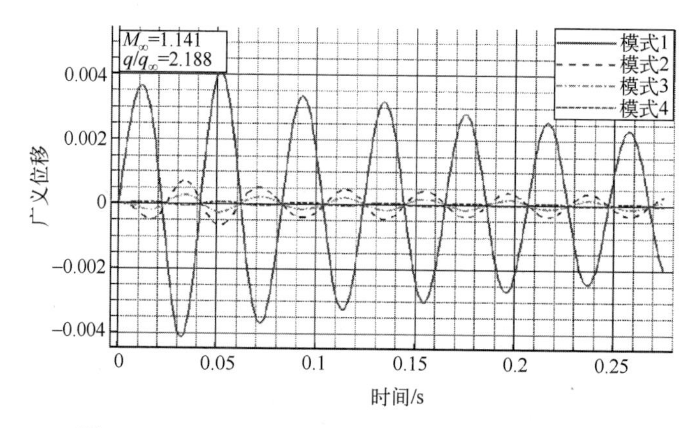

图 3.23　$Ma=1.141$、$q/q_\infty=2.188$ 时的广义坐标响应

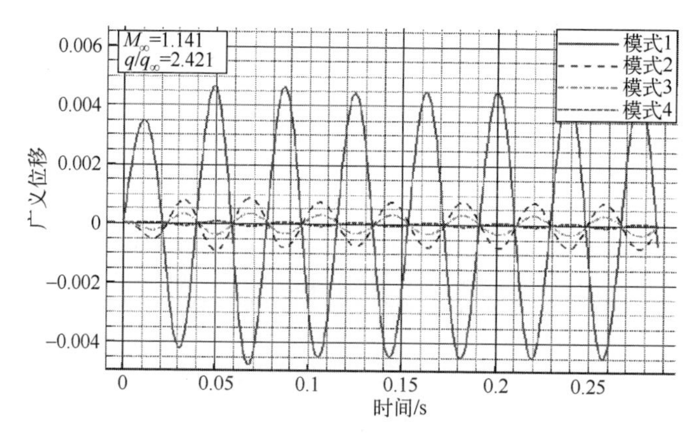

图 3.24　$Ma=1.141$、$q/q_\infty=2.421$ 时的广义坐标响应

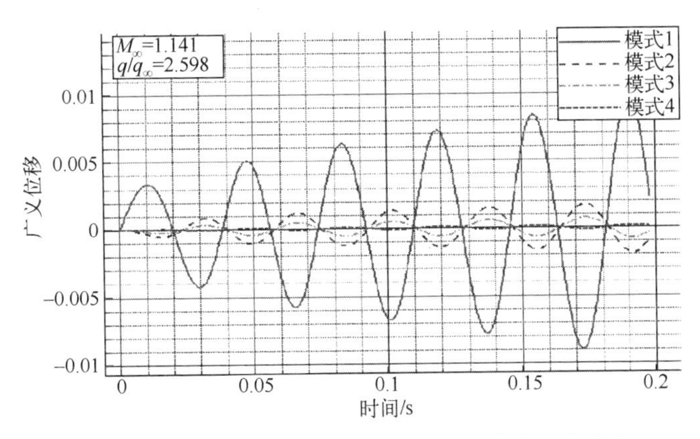

图 3.25 $Ma=1.141$、$q/q_\infty=2.598$ 时的广义坐标响应

随着马赫数的增大,时间步长要取得越来越小才能获得准确的仿真结果,图 3.26 给出了 $Ma=1.141$、$q/q_\infty=2.421$ 时不同时间步长下第一阶模态位移的时间历程曲线,时间步长 Δt 的数量级要缩减到 10^{-4}。在主频 2.6GHz、8 核计算机上的计算时间约为 7h。

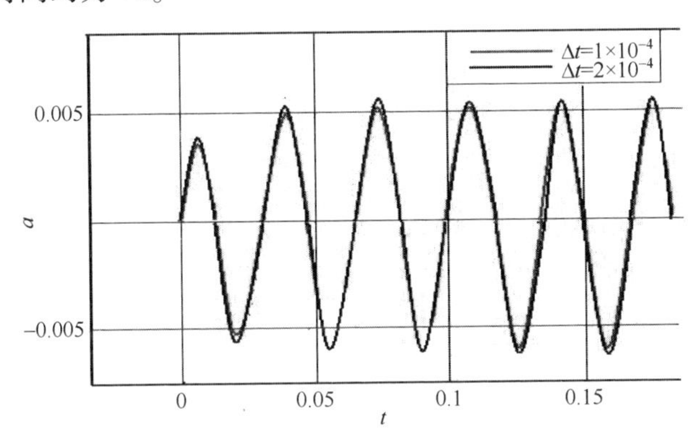

图 3.26 $Ma=1.141$、$q/q_\infty=2.421$ 时不同时间步长下一阶模态位移的时间历程曲线

表 3.2 给出了 4 个计算状态下的临界马赫数计算结果和文献中试验值的对比。参考 DLM 频域法的计算结果可以看出,本书计算结果精度较高,均达到 10%以下,比传统方法提高了一个数量级。

表 3.2 AGARD 445.6 机翼颤振速度计算结果

马赫数	试验值[71]	DLM 频域法[71]	相对误差/%	本书	相对误差/%
0.499	0.4495	0.4300	4.34	0.4520	0.556
0.96	0.3076	0.3400	10.5	0.3130	1.76

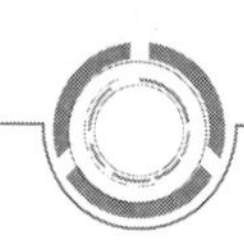

续表

马赫数	试验值[71]	DLM 频域法[71]	相对误差/%	本书	相对误差/%
1.072	0.3201	0.4240	32.45	0.3400	6.22
1.141	0.4031	0.3900	3.25	0.4200	4.19

将这 4 个状态的临界颤振点的位移响应用傅里叶变换后可求得临界颤振频率。表 3.3 给出了本书临界颤振频率计算结果与试验值的对比，可以看出相对误差均在 3%以下。

表 3.3 AGARD 445.6 机翼颤振频率计算结果

马赫数	试验值[71]	本书	相对误差/%
0.499	0.5353	0.5412	1.1
0.96	0.3648	0.3579	1.89
1.072	0.3623	0.3619	0.11
1.141	0.4592	0.4692	2.18

图 3.27 和图 3.28 分别给出了 AGARD445.6 机翼从亚声速到超声速的来流马赫数-颤振临界速度系数曲线和来流马赫数-颤振频率曲线。通过与试验值对比，可以看出本书计算得到的结果在亚声速段比较准确，但是随着马赫数升高，计算准确性有所降低。但与基于 DLM 法的 Nastran 获得的解相比，整体结果较为准确，因为 DLM 法的线化理论不适于非线性强的跨声速流场。在马赫数等于 1 附近，颤振临界速度系数达到最小值，说明颤振临界速度系数在跨声速区域出现了明显的“凹坑”现象。

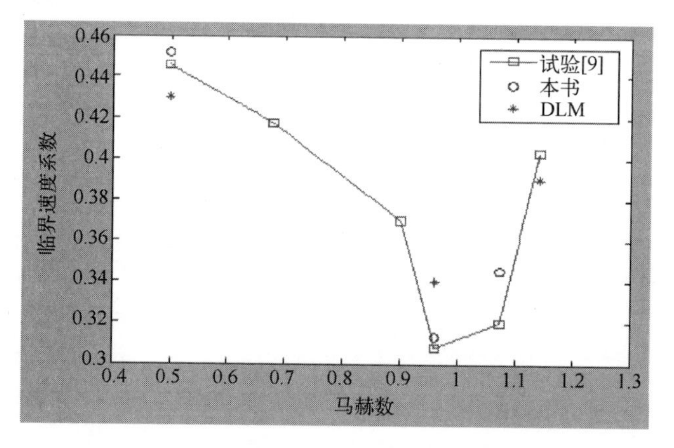

图 3.27 AGARD 445.6 机翼颤振速度边界对比

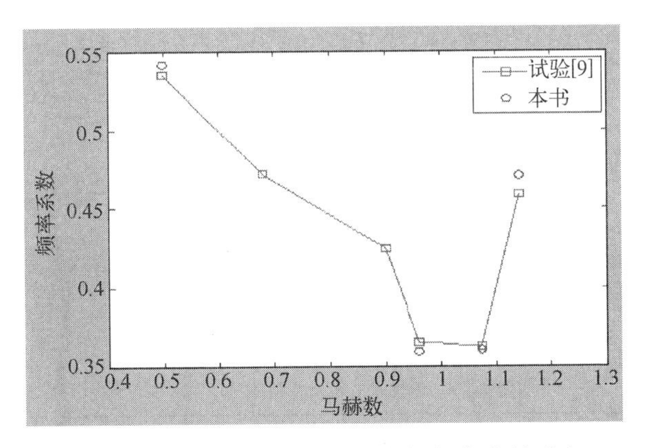

图 3.28　AGARD 445.6 机翼颤振频率边界对比

以上仿真结果可以说明这种气动弹性仿真方案符合试验值,适合三维结构的气动弹性仿真。下一小节将对本书所研究的导弹弹翼使用该方案进行气动弹性仿真来研究优化所关心的参数特性。

3.5.3　翼面气动弹性仿真

对本书导弹的弹翼所采用的材料是铝合金,详细尺寸及参数见第 5 章,选取导弹某弹道点进行气动弹性研究,该点的飞行状态为:马赫数 $Ma=1.872$,攻角 aoa=2.55°,舵偏角 delta=0°动压 $q=91507.08\text{Pa}$,当地温度 $T=282.6\text{K}$,当地大气密度 $\rho=1.128\text{kg/m}^3$。

考虑到导弹的头部和弹身的形状会对流域后方的弹翼周围流场产生影响,流体部分的计算域采用全弹模型,只需将弹翼表面结构设为耦合面,在结构部分只建立弹翼部分的有限元模型即可。图 3.29 给出了算例弹翼的结构网格和气动网格。前 6 阶模态值见图 3.30,可观测到翼梢前、后两点变形最大,可作为位移观测点。

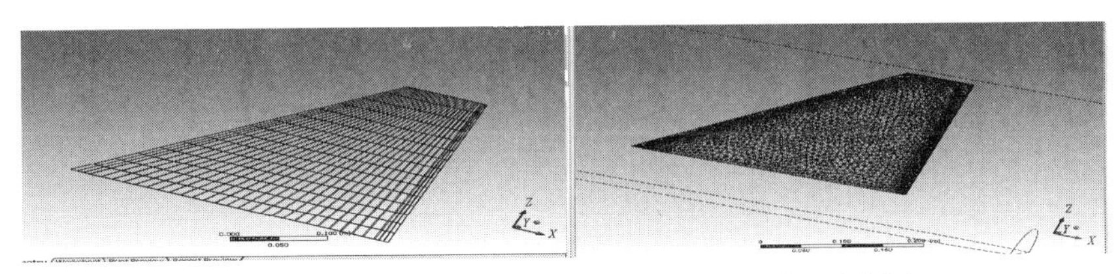

图 3.29　弹翼结构网格(左)和气动网格(右)示意图

在按照前面所述的气动弹性分析法,需要 CFD 计算出定常流场的气动载荷,再基于虚功原理将载荷转换到结构网格上,之后经过静力学求解获得结构

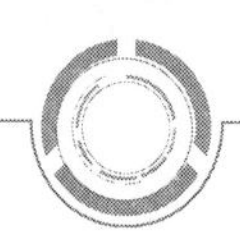

变形。对于算例中的弹翼需考虑其弹性变形,要将结构变形传回 CFD 网格,变形后重复计算直至收敛。由于攻角不为零,非定常计算不需要加入初始扰动,在弹翼翼梢取了两个观测点 L_a 和 L_b,即可观测其位移的收敛过程。

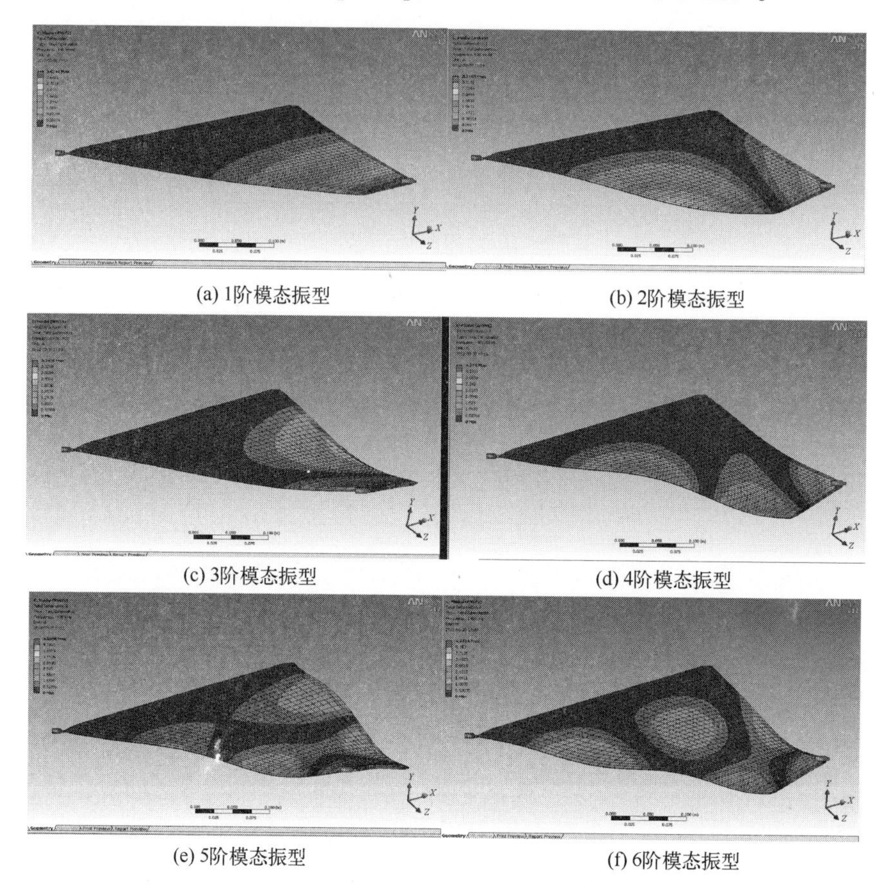

(a) 1阶模态振型　(b) 2阶模态振型

(c) 3阶模态振型　(d) 4阶模态振型

(e) 5阶模态振型　(f) 6阶模态振型

图 3.30　弹翼前 6 阶模态变形图

1. 对气动参数的影响

图 3.31 所示的气动弹性参数收敛过程图中可明显看出,所得到的全弹升力、阻力系数 C_L 和 C_D 在计算过程中各收敛为不同的值。初始化流场进行计算至稳定可以得到把弹翼作为刚性结构考虑的气动参数,此时的结构没有发生位移,但由于弹翼事实上是弹性结构,存在流-固耦合,采用弱耦合分析后可见气动系数和位移收敛到了其他值。

表 3.4 给出了弹翼分别考虑为刚性和弹性时升力系数和阻力系数的不同

值,与风洞数据对比后发现,考虑气动弹性现象得到的气动参数误差更小。这一差异产生的原因是在弹性翼弯曲和扭转的共同作用下,弹翼的有效攻角减小,导致升力系数和阻力系数分别下降5.2%和4.9%。

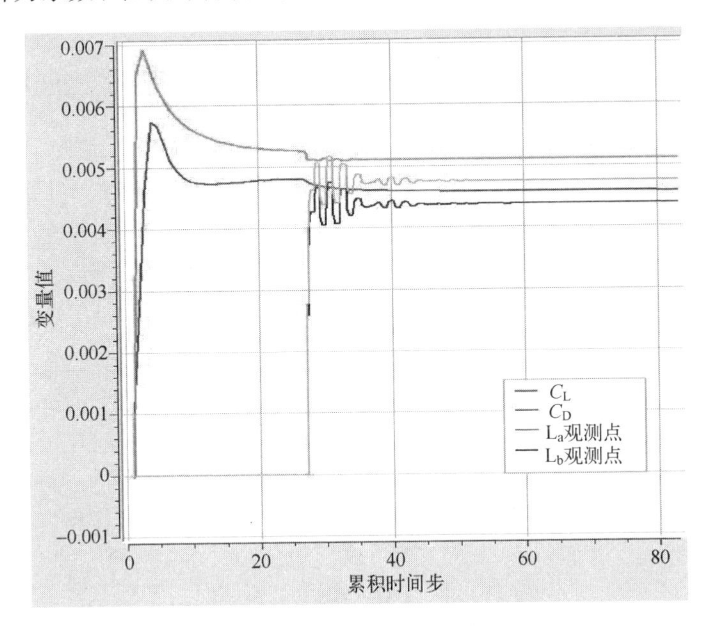

图3.31 气动弹性参数收敛过程

表3.4 弹翼刚性和弹性气动性能对比

弹翼气动参数	C_L	C_D
弹性翼面	1.1920	1.3172
刚性翼面	1.2579	1.3857

2. 颤振分析

按照该状态的弹道点动压 $q=91507.08\text{Pa}$ 来进行颤振分析,图3.32所示为第一阶模态的振荡状态,由于响应曲线收敛,可判断出该状态不会发生颤振,考虑到计算参数来源于弹道计算值,则该状态安全这一结果符合飞行状况。耦合计算结束后得到的翼面最终变形值如图3.35所示,最大位移在翼梢,值为 $4.753\times10^{-3}\text{m}$。

适当增大动压 q 重新进行仿真,可以获得临界颤振和颤振发散的计算结果,对应的第一阶模态的振荡状态见图3.33和图3.34。

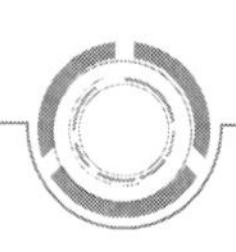

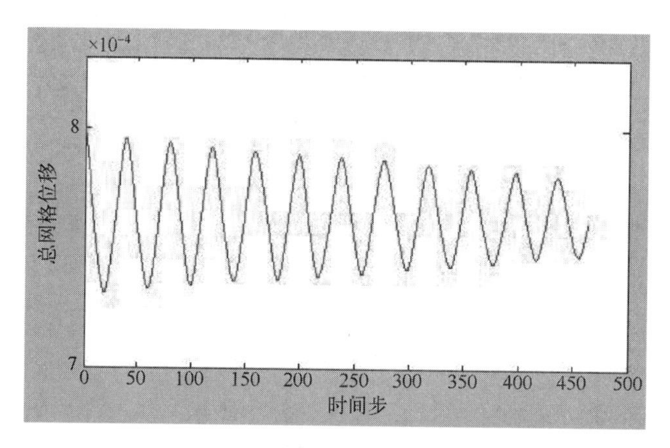

图 3.32　$Ma=1.872$、$q=91507.08\mathrm{Pa}$ 时第一阶模态位移的时间历程曲线

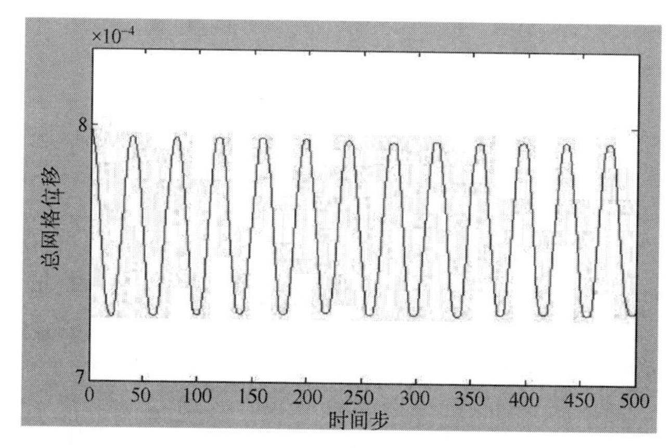

图 3.33　$Ma=1.872$、$q=131609\mathrm{Pa}$ 时第一阶模态位移的时间历程曲线

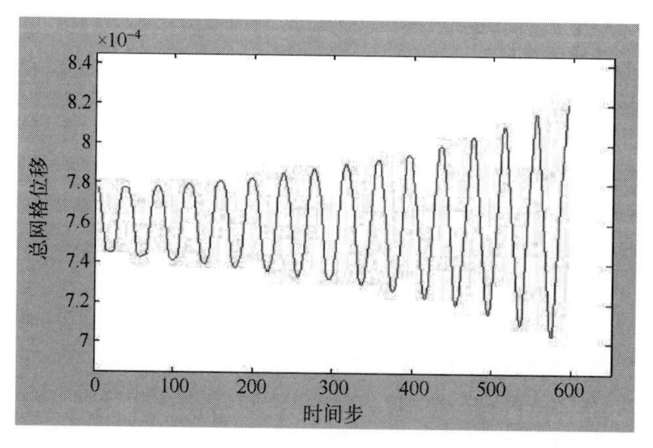

图 3.34　$Ma=1.872$、$q=149072.32\mathrm{Pa}$ 时第一阶模态位移的时间历程曲线

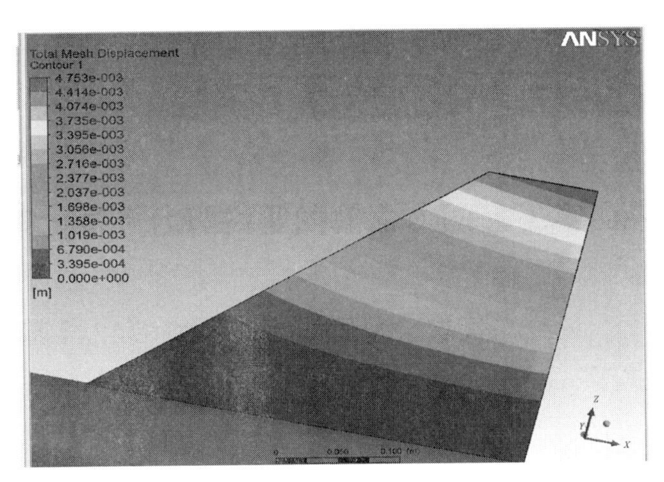

图 3.35 翼面最终变形图

通过图 3.36 所示的采用了紧耦合的非定常计算耦合面上力与位移随时间的变化过程,可以清楚地反映采用双时间法的各个时间步内迭代的数据交换过程。由图中可见,随着实时间的推进,耦合面上 x、y、z 这 3 个方向上的气动力 F_x、F_y、F_z 和位移 U_x、U_y、U_z 逐渐收敛,每一个实时间步长内含有多个伪时间步。

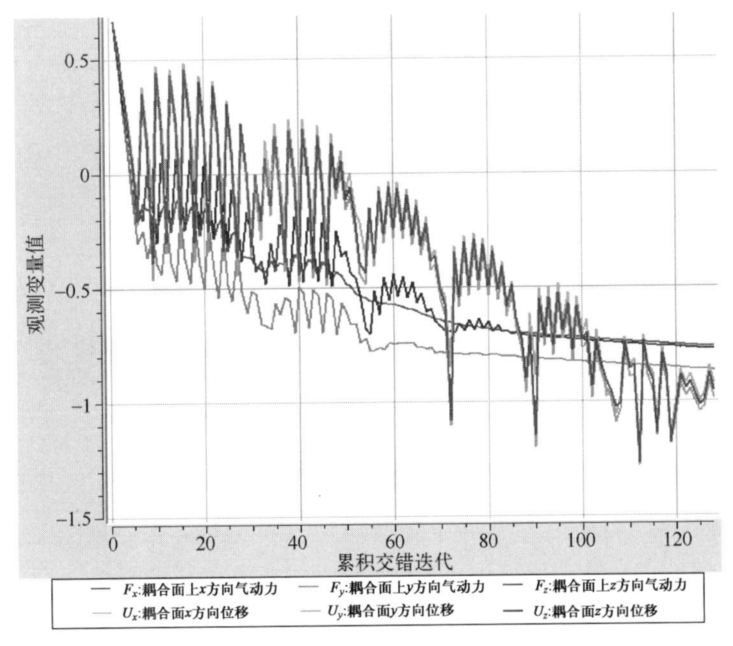

图 3.36 迭代过程中耦合面上 x、y、z 方向上力与位移的变化

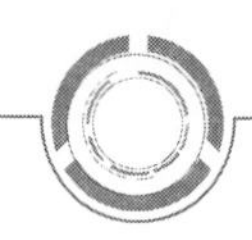

3.6 本章小结

本章发展了一种基于 CFD/CSD 的气动弹性时域耦合方法,通过紧耦合的方式,引入 Jameson 双时间步法离散 N-S 方程和杂交线性多步法离散气动弹性方程来实现两种场求解的同步性和高阶时间精度。在求解中采用了常体积转换法和弹簧法分别处理耦合界面的载荷和变形传递。

该方法对颤振标准模型 AGARD 445.6 的颤振分析结果与试验值吻合较好,特别是在跨声速和超声速段。所选取的计算状态涵盖了亚声速到超声速段,计算结果与试验值的相对误差均在 10%以下,比基于频域的 DLM 法提高了一个数量级。通过算例验证了该仿真方案的准确性后,对本书研究的翼面进行了气动弹性静态特性和动态特性仿真,均取得了符合实际的结果。

该时域法可以获得翼面参考点的位移-时间历程,该位移将作为优化状态变量判断结构性能,并在下一章代理模型技术中使用。

由于气动弹性的影响,弹性翼弯曲和扭转的共同作用使翼的有效攻角减小,导致升力系数和阻力系数分别下降 5.2%和 4.9%,更接近实际风洞值。所以,弹翼优化时应考虑弹性翼升力系数和阻力系数的变化。

基于 CFD 技术的气动弹性时域仿真系统仿真过程的计算量很大,如在优化中直接采用该分析模型,则计算代价过大,其解决方法在下一章讨论。

4 第4章

翼面优化的代理模型构建

第3章中说明了采用基于CFD方法计算气动特性参数和非定常气动力的准确性,但该方法的计算量很大,对每个定常状态的计算都需要3h以上,非定常状态的计算则需要6h以上。例如,在优化过程中每一个迭代点都以这种高精度模型计算,整个优化过程会过于耗时而降低其可行性。所以,必须寻求一种既不降低计算精度又不需要太多计算时间的解决方案。

代理模型技术(surrogate models)是解决该问题的有效途径之一,同时也是多学科设计优化的一项关键技术。它的中心思想是在保证精度的前提下构建一个计算量小的分析模型来代替各子学科的仿真或试验以减少原有分析的计算量或试验周期。另外,代理模型的采用还可以大大降低数值分析带来的数值噪声。代理模型技术主要包括两方面的内容,即试验设计(design of experiment, DOE)技术和近似方法(approximation method)。

4.1 试验设计技术

试验设计技术是多学科设计优化中代理模型的取样策略。试验设计中,系统的输入变量被称为因素(factor),其在样本点处的值被称为水平(level),样本点对应的输出值被称为响应(responce)。

4.1.1 全析因设计

全析因设计(full factorial)是指在一次完全试验中,系统的所有因素的所有水平可能的组合都要被研究到的一种试验设计方法[74]。假设系统输入变量也

即因素的个数为 n_v，每个因素对应的水平数为 $n_i(i=1,2,\cdots,n)$，则对系统进行全析因试验所需的试验次数为

$$N=\prod_{i=1}^{n_v} n_i \tag{4.1}$$

全析因试验能够分析因素对系统影响的大小和分析因素间的交互作用，但当系统的因素和水平比较多时，根据式(4.1)计算所得的试验次数，即样本点个数将会是一个很大的数字，所以除了低维低水平的问题外，全析因试验很不适用。

4.1.2 中心复合设计

中心复合设计(central composite design，CCD)[75]是一种针对二次多项式响应面模型进行分批试验的一种试验设计方法。该方法先挑出每个因素最大和最小两个水平值，利用正交表 $L_n(2^{n_v})$ 安排 n 次试验，试验结束后在中心点做 n_0 次重复试验，最后在每个因素的坐标轴上，取臂长为 α 的两个对称点作为样本点，臂长的确定按下式，即

$$\alpha^2=\frac{\sqrt{nN}-n}{2} \tag{4.2}$$

若因素的个数为 n_v，3 次试验总样本点数 $N=n+n_0+2n_v$，N 个点分布在以中心点为球心的两个同心球上。

4.1.3 拉丁方设计

另一种广泛使用的试验设计方法是拉丁方(latin hypercube)[76]，它是一种分层抽样法，将每个因素的设计空间均匀分成 n 份构成矩阵，按水平数随机组合成下标，在设计空间矩阵上取样本点，每个因素水平只可用一次。图 4.1 展示了两因素 5 个设计点的拉丁方可行的设计。

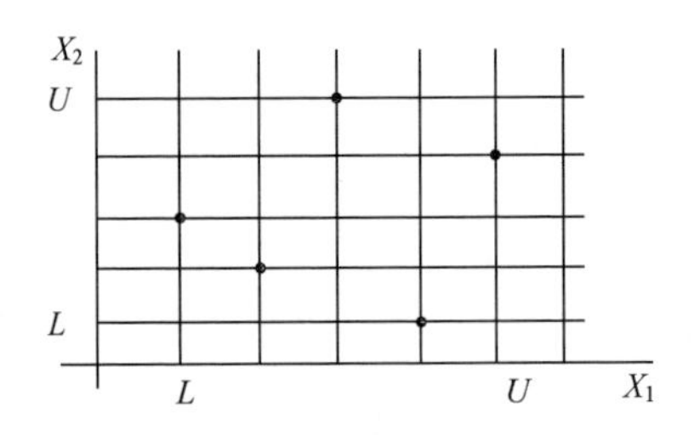

图 4.1　某两因素 5 个设计点拉丁方试验

拉丁方设计的试验点在设计空间内均匀分布,且是随机的,每次采样的结果都不相同。这种设计均匀性比较好,适合因素数目较多的情况。

4.1.4　正交设计

正交试验设计(orthogonal design)也称为 Taguchi 设计,是应用范围最广的试验设计方法之一,由日本学者田口玄一于 20 世纪 40 年代后期首次应用而得名。这种试验设计方法按照一种已经拟定好的满足正交试验条件的表格来安排试验。这种表格称为正交表(orthogonal array),表示为 $L_A(P^n)$,其中 L 代表正交表;下标 A 表示表中横行个数,即总共试验次数;P 为因素的水平数,n 是因素的个数。当遇到各因素水平数不等的试验时,可使用不等水平正交表或采用拟水平法。正交表可从试验设计参考书中获得[77]。正交设计是多因子试验中最重要的一种设计方法,设计变量最好不多于 8~10 个。

4.1.5　均匀设计

由中国数学家方开泰等提出的均匀试验设计[77](uniform design)是在正交设计基础上,舍弃整齐可比性而只保留均匀分布性部分因子的试验设计方法。和正交试验设计相比,均匀设计由于每个水平只做一次试验,试验次数大大减少。

4.2　近似技术

近似技术也称为代理模型方法,是代理模型技术的核心,其本质是利用已知样本点以数学手段生成能够反映设计变量与响应值之间映射关系的数学模型。多项式响应面(polynomial response surface method,PRSM)、径向基函数神经网络(radial basis squares method,RBF-ANN)和 Krigng 模型(kriging model,KM)是多学科设计优化中常用的代理模型方法。

4.2.1　多项式响应面

响应面法是一种用简单的代数函数来表示高精度模型分析信息的近似方法。工程中最常用的 2 阶响应面模型的数学表达式为

$$y = b_0 + \sum_{j=1}^{n} b_j x_j + \sum_{j=1}^{n} b_{jj} x_j^2 + \sum_{i=1}^{n-1} \sum_{j=i+1}^{n} b_{ij} x_i x_j \tag{4.3}$$

式中:n 为设计变量的维数;x_i 为设计变量;待定系数 b_0、b_j、b_{jj}、b_{ij} 可由最小二乘

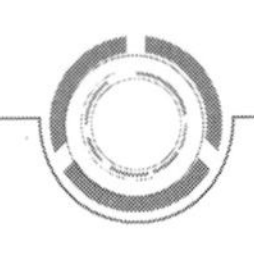

法确定。为了更高的精度可建立阶数更高的响应面模型，但响应面模型的阶数越高，所需的样本点即高精度模型的分析次数越多。以 2 阶响应面模型为例，需要不低于$(n+1)(n+2)/2$个高精度模型的分析信息。

4.2.2 RBF 神经网络模型

近来 MDO 领域得到广泛应用的人工神经网络是一种模拟生物大脑结构的信息处理系统，除了可以用来进行函数逼近外，还可以进行最近相邻模型分类、概率密度估计等计算，在多个领域均有应用。

神经网络的结构由输入层、隐层和输出层 3 层处理单元组成。信号输入和输出的单元层分别为输入层和输出层，输入层和输出层中间的单元层称为中间层或隐层。

层中的数据处理单元称为神经元。在神经元中将输入激励转化为输出响应的数学表达式称为传递函数。

神经网络各神经元通过权值连接，在各层类型决定后，通过已知样本点的设计量及状态量数据来调整确定权值即训练网络。训练结束后，网络的输出即由输入数据和各单元相连的各输入量的权值来决定，此时即可用来模拟原有样本和响应值的映射关系。

BP 神经网络和 RBF 神经网络是最常被用作代理模型的两种模型，两者都是前馈网络。相比之下，后者的结构更为简单，网络的训练过程更为快捷，并且在函数逼近和模式识别方面的表现也更为优秀。所以，对非线性函数的逼近，选用 RBF 神经网络较为合适。

图 4.2 所示为一典型的 r 维输入的单隐层 RBF 网络。其中‖dist‖表示求输入向量 $\boldsymbol{p}$ 和权值向量 $\boldsymbol{w}$ 的距离；b_1、b_2为阈值；n 为隐层输入，有

$$n=\sqrt{a(\boldsymbol{w}_{1i}-\boldsymbol{p}_i)}\cdot b_1=\|\boldsymbol{w}-\boldsymbol{p}\|\cdot b_1 \tag{4.4}$$

式中：a 为隐层输出函数，为高斯函数形式，有

$$a=f(n)=\mathrm{e}^{-n^2}=\mathrm{radbas}(n) \tag{4.5}$$

输出层输出函数 $\boldsymbol{y}$ 是隐层输出的线性组合，即

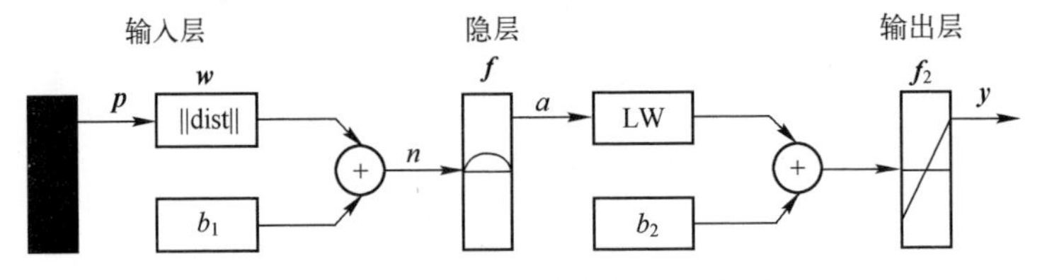

图 4.2 r 维输入的单隐层 RBF 网络

$$\boldsymbol{y}=\text{purelin}(\text{LW}\cdot a+b_2) \tag{4.6}$$

式中:LW 为隐层到输出层的权值。

RBF 神经网络的特点就是隐层神经元的传递函数采用了径向基函数,该函数的特点是以待测点与样本点之间的欧几里得距离为自变量,以此将多维问题转化为一维处理。

对于一组样本点 $\boldsymbol{X}_k(k=1,2,\cdots,n)$,以径向函数为基函数,并对其进行线性叠加,可得到以下径向基函数模型来计算待测点 $\boldsymbol{x}$ 处的响应值,即

$$f(\boldsymbol{x})=\sum_{i=1}^{n_s}\beta_i\varphi(\|\boldsymbol{x}-\boldsymbol{x}_i\|)=\boldsymbol{\beta}^{\mathrm{T}}\boldsymbol{\varphi} \tag{4.7}$$

式中:径向基函数 $f=[\varphi(\|\boldsymbol{x}-\boldsymbol{x}_1\|),\varphi(\|\boldsymbol{x}-\boldsymbol{x}_2\|),\cdots,\varphi(\|\boldsymbol{x}-\boldsymbol{x}_{n_s}\|)]^{\mathrm{T}}$;$\boldsymbol{\beta}=[\beta_1,\beta_2,\cdots,\beta_{n_s}]^{\mathrm{T}}$是权系数向量,$\boldsymbol{\beta}$ 满足插值条件

$$f_i=y_i,i=1,2,\cdots,n_s \tag{4.8}$$

式中:y_i为精确值;f_i为预测值,于是有

$$\boldsymbol{A\beta}=\boldsymbol{y} \tag{4.9}$$

$$\boldsymbol{\beta}=\boldsymbol{A}^{-1}\boldsymbol{y} \tag{4.10}$$

其中

$$\boldsymbol{A}=\begin{bmatrix}\varphi(\|\boldsymbol{x}_1-\boldsymbol{x}_1\|) & \cdots & \varphi(\|\boldsymbol{x}_1-\boldsymbol{x}_{n_s}\|)\\ \vdots & \ddots & \vdots\\ \varphi(\|\boldsymbol{x}_{n_s}-\boldsymbol{x}_1\|) & \cdots & \varphi(\|\boldsymbol{x}_{n_s}-\boldsymbol{x}_{n_s}\|)\end{bmatrix}_{n_s\times n_s} \tag{4.11}$$

除了高斯函数外,薄板样条函数、3 次函数、多 2 次函数也是常用径向函数。

薄板样条函数为

$$\phi(r)=r^2\ln(cr)$$

3 次函数为

$$\phi(r)=(r+c)^3$$

多 2 次函数为

$$\phi(r)=(r^2+c^2)^{\frac{1}{2}}$$

逆多 2 次函数为

$$\phi(r)=(r^2+c^2)^{-\frac{1}{2}}$$

式中:c 为正的常实数。

Jin 等[80]的研究表明,RBF 神经网络的近似精度和效率都不错,适合在 MDO 中应用。

4.2.3 Kriging 模型

Kriging 模型是 Danie Krige 于 20 世纪 50 年代提出的一种估计方差最小的无偏估计模型,由全局模型和局部偏差叠加而成。该模型早期主要应用在地质领域,到现在已经成为 MDO 中比较有代表性的一种代理模型近似方法[80-81],其具体模型为

$$f(\boldsymbol{x})=g(\boldsymbol{x})+Z(\boldsymbol{x}) \tag{4.12}$$

式中:$g(\boldsymbol{x})$为设计空间内的全局模拟,$g(\boldsymbol{x})$可看作一个常数β,β值可由已知响应值进行估计。估计项$Z(\boldsymbol{x})$为期望为 0、方差为σ^2、协方差不为零的随机函数,表示全局模拟的插值,是全局模拟基础上的局部偏差。式(4.12)可变为

$$f(\boldsymbol{x})=\beta+Z(\boldsymbol{x}) \tag{4.13}$$

估计项$Z(\boldsymbol{x})$的协方差矩阵为

$$\begin{gathered}\mathrm{Cov}[Z(\boldsymbol{x}_i),Z(\boldsymbol{x}_j)]=\sigma^2\boldsymbol{R}[R(\boldsymbol{x}_i,\boldsymbol{x}_j)]\\ i=1,2,\cdots,n_s;j=1,2,\cdots,n_s\end{gathered} \tag{4.14}$$

式中:$\boldsymbol{R}$为相关矩阵,矩阵是对角线元素为 1 的对称矩阵;R为相关函数;n_s为样本点个数。R选择高斯函数,可以表示为

$$R(\boldsymbol{x}^i,\boldsymbol{x}^j)=\exp\left[-\sum_{k=1}^{n_v}\boldsymbol{\theta}_k\left|x_k^i-x_k^j\right|^2\right] \tag{4.15}$$

式中:n_v为设计变量个数;$\boldsymbol{\theta}_k$为未知相关参数向量,可取常数以简化运算。

根据 Kriging 理论,未知点$\boldsymbol{x}$处的响应值y的估计值y'可表示为

$$y'=\beta'+\boldsymbol{r}^{\mathrm{T}}(\boldsymbol{x})\boldsymbol{R}^{-1}(\boldsymbol{y}-\boldsymbol{g}\beta') \tag{4.16}$$

式中:$\boldsymbol{y}$为样本点响应值组成的n_s维列向量;$\boldsymbol{g}$为长度为n的单位列向量;$\boldsymbol{r}(\boldsymbol{x})$为未知向量$\boldsymbol{x}$与样本输入数据之间的关系向量,即

$$\boldsymbol{r}(x)=\boldsymbol{R}(\boldsymbol{x},\boldsymbol{x}_i)=[R(x,x_1),R(x,x_2),\cdots,R(x,x_{n_s})]^{\mathrm{T}} \tag{4.17}$$

相关参数向量$\boldsymbol{\theta}_k$取为常数θ,可由极大似然估计变为一维优化问题,即

$$\begin{cases}\max & -\dfrac{(n\ln\sigma'^2)+\ln|R|}{2}\\ \text{s. t.} & 0\leqslant\theta\leqslant\infty\end{cases} \tag{4.18}$$

未知参数β'、σ'^2都是θ的函数,其最小二乘估计为

$$\beta'=(\boldsymbol{g}^{\mathrm{T}}\boldsymbol{R}^{-1}\boldsymbol{g})^{-1}\boldsymbol{g}^{\mathrm{T}}\boldsymbol{R}^{-1}\boldsymbol{y} \tag{4.19}$$

$$\sigma'^2=\frac{(\boldsymbol{y}-\beta'\boldsymbol{g})^{\mathrm{T}}\boldsymbol{R}^{-1}(\boldsymbol{y}-\beta'\boldsymbol{g})}{n_s} \tag{4.20}$$

4.3 代理模型综合评估标准

4.3.1 精度评估

为了判断代理模型是否可以代替原有分析模型,需要一定的精度检验标准。考虑到 Kriging 和 RBF 这样的近似方法具有插值特性。所以,需要在构造的样本点以外重新选取另一批样本点作为测试样本点来参与对精度的评价。本书采用均方根误差(root mean square error,RMSE)和复相关系数(R^2)两个标准来检验该模型的预测值对真实值的代理精度,即

$$\mathrm{RMSE}=\frac{1}{N_{\mathrm{grid}}\bar{y}}\sqrt{\sum_{\mathrm{grid}}(y-y_{\mathrm{reg}})^2} \tag{4.21}$$

$$R^2=1-\frac{\sum_{j=1}^{N_{\mathrm{grid}}}(y_{\mathrm{reg}}(j)-y(j))^2}{\sum_{j=1}^{N_{\mathrm{grid}}}(y(j)-\bar{y})^2} \tag{4.22}$$

式中:y 和 y_{reg} 分别为设计空间内每个样本点的真实响应值和模型预测值;$\bar{y}$ 为所有样本点真实响应值的平均值;N_{grid} 为样本点的个数。RMSE 值越接近于 0 则代理模型精度越高。复相关系数 R^2 的取值越接近于 1 则近似精度越高。

4.3.2 效率评估

效率评估考虑的是代理模型的计算效率,评价的指标是构造代理模型所需要的成本与使用代理模型预测新的设计点响应值所需的成本。这个成本包括计算时间计算所需的 PC 内存等,一般用计算时间来评价。

4.3.3 实现难度评估

代理模型的实现难度指的是在软件上的功能实现。目前工程上最常用的实现手段是基于 Matlab 环境的各种函数工具箱来实现自行开发。也有一些优化软件自身带有一套近似模型模块,可以省去编程以方便工程人员使用。但是由于程序代码固定,当需要对程序进行修改时往往比较困难。一般来说,近似方法的原理越复杂,软件开发就越困难。但是为了获得较高的精度,有时必须对模型反复修改使之复杂性增加。

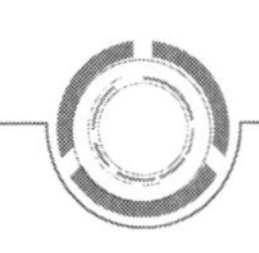

4.4 翼面优化代理模型近似方法

为了在上述 3 种近似方法中挑选出对第 3 章所述气动弹性仿真程序的代理模型近似方案,按照图 4.3 所示的设计流程,本书在对翼面设计参数生成了一组样本点分别进行了气动弹性仿真,对输入和输出分别进行了代理模型的构建。

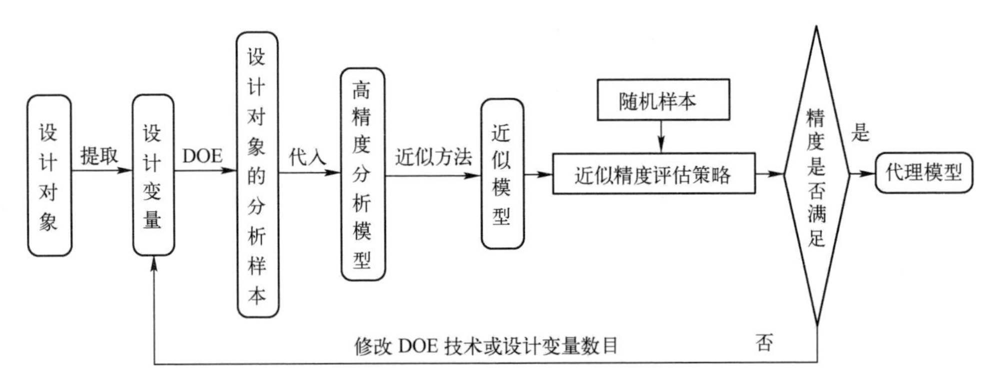

图 4.3 代理模型构建流程框图

4.4.1 试验设计方法选择

考虑到本书高精度模型的计算代价比较高,应尽量减少分析次数以提高设计效率,相比于全因子设计和中心复合设计,正交设计计算量较小,相比于均匀设计和拉丁方设计,正交设计精度较高[78-79]。鉴于此,本书选择用正交设计技术来生成试验点集合。

由本书优化所涉及的设计变量为影响弹翼气动、结构、质量 3 个学科性能的所有形状参数集合,即设计变量 $X=\{\lambda,\chi,b_1,b_2,c'_{root},k\}$,其中 λ 代表展弦比、χ 代表前缘后掠角、b_1代表翼前缘特征、b_2代表后缘特征、c'_{root}代表翼根相对厚度、k 代表翼梢收缩比。各变量对弹翼的描述见第 5 章。

各变量的上、下限取值按学科内相关设计经验和准则给定,详细说明见第 6 章。

对设计变量的水平数设置越多,样本点数目也就跟着增加,这样可以提高近似的精度。但考虑到相应的计算量也会越来越大,对每个设计变量取 5 水平。设计变量(因素)和设计空间及水平数的数据如表 4.1 所列。

表 4.1　设计变量、设计空间和水平数表

序号	设计变量	符号	下限	上限	水平数	水平值
1	展弦比	λ	1.0	1.4	5	1,1.1,1.2,1.3,1.4
2	前缘后掠角	χ	40°	50°	5	40,42.5,45,47.5,50
3	翼前缘特征	b_1	0.055	0.125	5	0.055,0.07,0.095,0.11,0.125
4	翼后缘特征	b_2	0.04	0.08	5	0.04,0.05,0.06,0.07,0.08
5	翼根相对厚度	c'_{root}	0.035	0.055	5	0.035,0.04,0.045,0.05,0.055
6	翼梢收缩比	k	0.4	0.6	5	0.4,0.45,0.5,0.55,0.6

这样,取样即为一组 6 因素 5 水平的试验,可使用 $L_{25}(5^6)$ 正交表来安排试验,即需要进行 25 次不同输入的气动弹性仿真。对本书的设计变量安排的 25 次气动弹性仿真输入安排如表 4.2 所列。

表 4.2　$L_{25}(5^6)$ 正交表试验设计安排

试验次数	λ	χ	b_1	b_2	c'_{root}	k
1	40.0	1.0	0.055	0.04	0.035	0.40
2	40.0	1.1	0.070	0.05	0.040	0.45
3	40.0	1.2	0.095	0.06	0.045	0.50
4	40.0	1.3	0.110	0.07	0.050	0.55
5	40.0	1.4	0.125	0.08	0.055	0.60
6	42.5	1.0	0.070	0.06	0.050	0.60
7	42.5	1.1	0.095	0.07	0.055	0.40
8	42.5	1.2	0.110	0.08	0.035	0.45
9	42.5	1.3	0.125	0.04	0.040	0.50
10	42.5	1.4	0.055	0.05	0.045	0.55
11	45.0	1.0	0.095	0.08	0.040	0.55
12	45.0	1.1	0.110	0.04	0.045	0.60
13	45.0	1.2	0.125	0.05	0.050	0.40
14	45.0	1.3	0.055	0.06	0.055	0.45
15	45.0	1.4	0.070	0.07	0.035	0.50
16	47.5	1.0	0.110	0.05	0.055	0.50
17	47.5	1.1	0.125	0.06	0.035	0.55
18	47.5	1.2	0.055	0.07	0.040	0.60
19	47.5	1.3	0.070	0.08	0.045	0.40
20	47.5	1.4	0.095	0.04	0.050	0.45
21	50.0	1.0	0.125	0.07	0.045	0.45
22	50.0	1.1	0.055	0.08	0.050	0.50
23	50.0	1.2	0.070	0.04	0.055	0.55
24	50.0	1.3	0.095	0.05	0.035	0.60
25	50.0	1.4	0.110	0.06	0.040	0.40

4.4.2 数值分析响应值提取

按照本书所研究翼面的设计状态马赫数 $Ma=1.79$，攻角 aoa = 3.0°和当地大气压 $P=101234.0$ Pa 设置流场边界条件。在前两章流场仿真和气动弹性仿真的研究基础上对 25 组不同翼面形状的飞行器进行了基于 CFD/CSD 紧耦合方式的高精度学科分析。对分析结果提取了翼面优化所需的参数即升力系数 C_L、阻力系数 C_D、结构最大应力 σ_{max}、翼梢变形 δ_{max}、弹翼重量 Weight 作为响应值。

在第 3 章的研究中已知对流场进行定常流场模拟计算，流场收敛后所得的升力和阻力因为没有考虑气动弹性现象，与进行了气动弹性仿真后得到数值相比，后者更符合风洞试验值。所以，响应值应提取考虑了弹翼气动弹性现象的仿真结果。

4.4.3 翼面代理模型近似方案确定

以设计变量集合 $X=\{\lambda,\chi,b_1,b_2,c'_{root},k\}$ 为输入，分别以响应值集合 $Y_1=\{C_L\}$、$Y_2=\{C_D\}$、$Y_3=\{\sigma_{max}\}$、$Y_4=\{\delta_{max}\}$、$Y_5=\{\text{Weight}\}$ 为输出，采用多项式响应面、RBF 神经网络和 Kriging 方法为近似方法各自创建了近似模型。在设计空间内随机生成 5 个测试样本点，以均方根误差 RMSE 和复相关系数 R^2 为代理模型精度评价标准。

采用这 3 种模型的近似精度校验结果和时间统计分别如表 4.3 和表 4.4 所列。

表 4.3　近似精度校验结果

变　量	RSM		RBF		Kriging	
	RMSE	R^2	RMSE	R^2	RMSE	R^2
C_L	0.198	0.384	0.0086	0.890	0.169	0.545
C_D	0.107	0.481	0.045	0.962	0.042	0.973
σ_{max}	0.287	0.554	0.009	0.982	0.012	0.971
δ_{max}	0.291	0.144	0.053	0.823	0.124	0.681
Weight	0.091	0.609	0.0064	0.937	0.0071	0.960

表 4.4　代理模型时间统计

时　间	RSM	RBF	Kriging
构造时间/s	0.225	15.142	1393.225
预测时间/ms	0.645	31.426	46.152

从表中数据可以看出,多项式响应面得到的近似模型整体效果最差,所有响应的精度都低于其他两种方法,产生这种结果的原因是设计变量维数(即因素数目)有6个,要构建一个6因素的2阶多项式需要至少(6+1)(6+2)/2=28个样本点,而样本点数目只有25个,所以造成只能使用1阶多项式来近似模型,这样显著降低了近似精度。不过由于许多研究已表明多项式响应面法本身不适合高阶非线性问题,所以这种方案对本书翼面优化的代理模型来说是不可取的。

Kriging方法与RBF神经网络相比,对某些数据如C_D和Weight的近似效果比较好,但是对C_L和δ_{max}的近似精度则较低,RSM的值都高于0.1,R^2值也都低于0.7。

RBF神经网络对所有数据的RMSE值均低于0.01,R^2值均大于0.8。所以,其整体近似精度更为优秀,具有更好的鲁棒性。

就构造代理模型的时间而言,多项式响应面所用的时间最少,Kriging方法需要的时间最多,这与这三者本身数学模型的复杂度相符合。在主频2.6GHz、单核的PC上这3种方法所耗费的预测时间均在1s以内,而主频2.6GHz、8核的服务器上对任一样本点进行高精度仿真的计算时间则在20h以上。相比较而言,使用代理模型大大提高了学科分析的效率。

通过上述研究可以看出,多项式响应面虽然效率最高,但精度过低,Kriging方法可以对测试问题取得较好的精度,但是鲁棒性差,而且耗时较多,RBF神经网络各项性能较为平均,综合性能最好。考虑到气动优化时所需要的迭代点很多,而且数据之间关系复杂,本书选用了RBF神经网络作为翼面优化设计的代理模型近似方法。

4.5 本章小结

本章研究了多学科优化设计中的常用代理模型技术以代替高精度仿真参与翼面优化过程,以翼面设计变量为输入,优化所需的状态变量为输出,按正交设计生成一组样本点后选用了多项式响应面、RBF神经网络模型和Kriging方法3种近似技术对翼面优化所需高精度学科分析模型进行了代理模型构建,并对三者的近似结果进行了近似精度、预测时间的综合评估。

3种方法均可显著降低原有的学科分析仿真时间。其中多项式响应面耗时最少,但精度最差,RSM 的值都高于 0.1,R^2值也都低于 0.7。

Kriging 模型对不同响应值的预测精度差别较大,出现了个别 RSM 的值高于 0.1,R^2值低于 0.7 的不良预测结果,且该法耗时最多。

RBF 神经网络表现出最佳的综合近似精度,对所有数据的 RMSE 值均低于 0.01,R^2值均大于 0.8。由于该法具有最佳的鲁棒性且预测时间小于 1s,显著降低了原分析 20h 左右的计算周期,所以在翼面优化设计中应采用基于 RBF 神经网络模型的代理模型取代高精度分析模型。

5 第 5 章

协同优化算法原理及计算改进

尾翼作为飞行器的重要部件,其作用在于为飞行时的飞行器提供足够的升力,并需要具有足够的结构强度来保证飞行器的稳定性。此外,减轻尾翼的自身重量从而使飞行器以较小动力携带更多有效载荷也是对设计者提出的一个重要目标。所以,对尾翼的优化设计涉及气动、结构、气动弹性多个领域,需要对其进行多个学科的分析以研究其协同效应,并借助先进的优化策略和有效算法才能实现综合性能的最优化。

5.1 多学科设计优化分解策略

NASA Langley 研究中心的多学科优化设计分部(MDOB)对 MDO 的定义如下:MDO 是一种方法学,它用来设计具有交互作用的复杂工程系统和子系统,探索它们协同工作的机理。MDO 策略是 MDO 问题的数学表述,以及这种表述在计算环境中如何实现的过程组织,是 MDO 中最核心的部分。

对于复杂系统,由于各学科间存在耦合,通常需要反复迭代才能完成一次可行设计,如不对这些学科间耦合进行处理将面临庞大的计算量,因而需要利用 MDO 分解策略对庞大而难以处理的复杂工程系统优化问题进行一定的分解,将其按学科(或部件)将复杂系统分解为若干个子系统。这种分解要在保证系统整体协调的基础上保持各学科对局部变量的决策自主性,以便于利用学科内的先进知识技术,获得整体最优。根据子系统之间关系,可将复杂系统划分为两类:一类是层次系统(hierarchic system);另一类是非层次系统(non-hierarchic system)。层次系统特点是子系统之间信息流程具有顺序性,子系统之间没有耦合关系,它是一种“树”结构。非层次系统的特点是子系统之间没有等级关系,子系统之间信息流是“耦合”在一起的,它是一种“网”结构,也称为耦合系统。现实中的复杂工程系统往往属于非层次系统的设计优化问题,是目前 MDO 研究领域的热点。

一个完整的 MDO 问题的数学模型为

$$\begin{cases} \min \quad F(\boldsymbol{X},\boldsymbol{Y}) \\ \text{s.t} \quad c_i(\boldsymbol{X},\boldsymbol{Y}) \leqslant 0 \quad i=1,2,\cdots,m \\ \boldsymbol{A}(\boldsymbol{X},\boldsymbol{Y}) = \begin{pmatrix} A_1(\boldsymbol{X}_1,\boldsymbol{Y}_1) \\ \vdots \\ A_k(\boldsymbol{X}_k,\boldsymbol{Y}_k) \end{pmatrix} = 0 \end{cases} \tag{5.1}$$

式中:F 为目标函数;$\boldsymbol{X}$ 为设计变量向量;$\boldsymbol{Y}$ 为状态变量向量;c 为不等式约束;$A_1(\boldsymbol{X}_1,\boldsymbol{Y}_1),\cdots,A_k(\boldsymbol{X}_k,\boldsymbol{Y}_k)$ 为状态方程组,代表了 k 个子学科的学科分析;$\boldsymbol{X}_1,\cdots,\boldsymbol{X}_k$为各个子学科的设计变量向量;$Y_1,\cdots,Y_k$为各个子学科的状态变量向量,学科间通过这些状态变量耦合。

目前常用的 MDO 方法包括单级优化和多级优化两大类。

5.1.1 单级优化算法

现有的单级优化算法有同时分析优化算法(SAD,也称 AAO)、单学科可行方法(IDF)、多学科可行方法(MDF,也称 AIO)。

1. 同时分析优化算法(SAD/AAO)

AAO 方法即 all-at-once 方法,该方法中系统的设计变量、耦合变量、各学科的状态变量等要同时进行优化,每一步直接进行学科计算,不经过迭代,不保证学科可行,到优化结束时获得的结果为学科可行和系统可行。各学科能独立地进行分析,学科间的相互联系通过优化模块中的等式约束来完成。其计算结构如图 5.1 所示。从图 5.1 看出,针对状态变量 y_{ij},优化模块中附加了设计变量 y 及等式约束(称为一致性约束)d 与之对应。其目的在于使求得的结果是多学科一致的。这是该方法一个很显著的特点。这种方法通过并行分析避免了学科分析的顺序要求,求多学科一致性解的工作从多学科分析中去掉了,改由优化模块中的一致性约束来完成。在某些情况下,这样的改进能节省原有的隐含在多学科系统分析中的计算迭代工作量,但是各分析模块仍然没有决策功能,而仅仅只是进行函数运算。对于实际工程问题,变量和约束的数量较大,对于状态变量较多的问题,按照这种方法进行求解,由于所有的设计决策都由一个优化器来完成,会增加大量的辅助设计变量和约束,增大问题的规模。

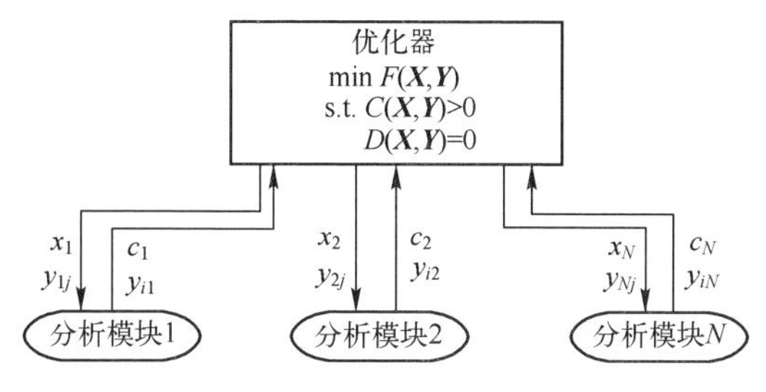

图 5.1 AAO 方法结构

2. 单学科可行方法(IDF)

单学科可行方法(IDF)提供了一种在优化时避免多学科分析的途径。如图 5.2中的 IDF 方法结构图所示。IDF 优化问题的表述与 MDF 相同,但是 X 代表的意思不同。$X = (X_D, X_m)$ 为优化变量,其中 X_D 为设计变量,对应于 MDF 中的 $\boldsymbol{X}$; X_m 为学科间耦合变量。另外,IDF 多了等式兼容约束 $g_i(X_m, \overline{m}) = X_m - \overline{m}$。在实际应用中,常令 $J_i = g_i^2 \leqslant \xi$ (微小常量),$i = 1,2,\cdots,N$,N 为学科数。

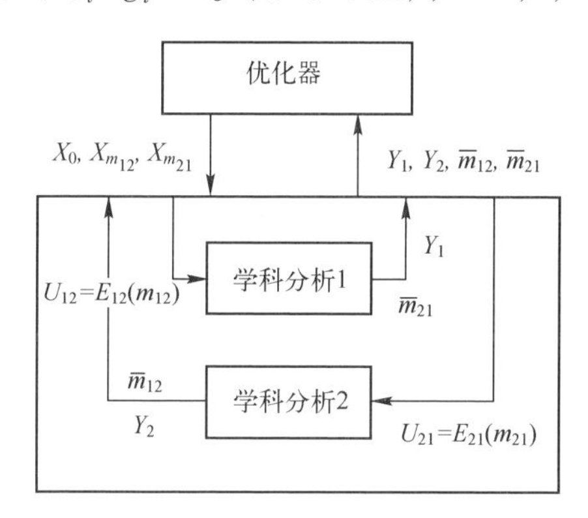

图 5.2 IFD 方法结构

IDF 保留了单学科的可行性,同时通过控制学科之间的耦合变量,驱动单学科向多学科的可行性和最优性逼近。该方法与 AAO 的不同之处在于算法中的每一步优化都调用学科分析而非学科计算,状态变量不作为优化变量而由学科状态方程迭代求得,学科分析保证单学科可行,系统可行由引入的学科间耦合相容性约束保证。在 IDF 中,将学科间耦合的变量,也就是单个学科分析解决问题时的设计变量作为优化变量。同时通过耦合变量将各个学科的分析与优

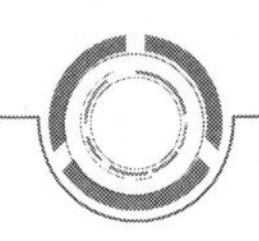

化连接起来。这样可提供一种可避免进行完全计算的多学科分析优化方法,保持各学科分析过程并行执行,同时可以直接应用成熟的学科分析代码,避免复杂系统分析。

3. 多学科可行方法(MDF)

多学科可行方法(MDF)是解决 MDO 问题的传统设计优化方法。这种方法要求有一个集中的多学科分析模块。首先给出设计变量 $\boldsymbol{X}$,通过执行一个完全的多学科分析,得到输出变量 $\boldsymbol{Y}(\boldsymbol{X})$,然后利用 $\boldsymbol{X}$ 和 $\boldsymbol{Y}(\boldsymbol{X})$ 计算目标函数 $F(\boldsymbol{X}, \boldsymbol{Y}(\boldsymbol{X}))$ 和约束函数 $c(\boldsymbol{X}, \boldsymbol{Y}(\boldsymbol{X}))$。图 5.3 显示了 MDF 分析优化中的数据流。其中 m_{ij} 是样条系数,通过对学科 j 的输出进行 F_{ij} 处理后获得。F_{ij} 是逼近系数。映射 E_{ij} 是对样条的评估,代表学科 j 到学科 i 的映射,U_{ij} 表示学科 j 对学科 i 的影响,是学科 i 的输入。MDF 方法优化的每一步迭代都进行一次系统分析,并多次调用各学科分析进行迭代求解,直到获得各学科间耦合变量的一致解。该方法的优化变量只有设计变量,优化过程中子系统和系统都可行,但它的主要缺点是分析复杂、计算耗费大,难以集成应用于实际工程产品的设计中。

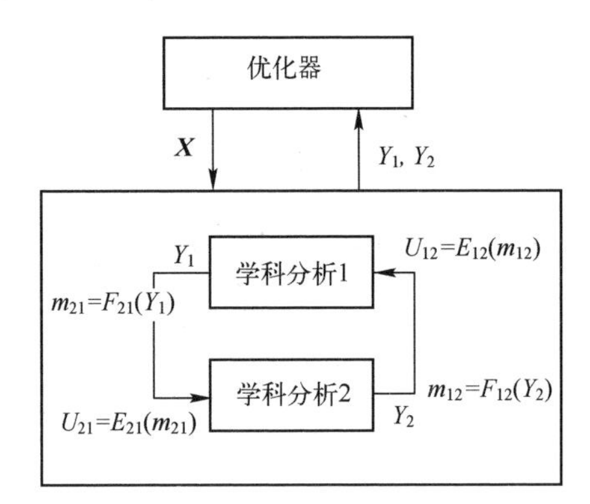

图 5.3 MFD 方法结构

5.1.2 多级优化算法

多级优化算法的特点在于将系统优化问题分解为多个子系统的优化协调问题,各个子系统可以分别进行优化,之后再进行一定的协调。这样分解的好处是与工程专业分工一致,便于各个领域并行设计,压缩了周期,更有利于学科内部的发挥。因此,是优化策略的主要研究方向。它将系统的优化设计问题分为两级,即系统级和并行的多个学科级,目前有代表性的几种两级优化算法分别是并行子空间算法(CSSO)、协同优化算法(CO)和BLISS(bi-level integrated system synthesis)方法。

1. 并行子空间算法(CSSO)

并行子空间算法(CSSO)是由Sobieski最早提出的一种分布式并行优化方法。在并行子空间优化方法中,每个子空间(子系统)独立优化一组互不相交的设计变量。每个子空间优化的过程中,凡是涉及该子空间状态变量的计算,用该学科的分析方法进行分析,而其他状态变量和约束则采用基于全局敏感方程的近似计算。每个子空间只优化整个系统设计变量的一部分,各个子空间的设计变量互不重叠。每个子空间的设计优化结果通过系统分析的近似模型进行优化协调,来获得一个新的设计方案,这个方案又作为并行子空间迭代过程的下一个初始值。系统协调所用的系统分析近似模型来源于每个子空间优化设计后的子系统分析所形成的设计数据库。这个数据库在迭代过程中不断丰富,相应的系统分析近似模型也不断精确。建立近似模型的手段有多种,其中常用的是响应面近似模型。图5.4给出了基于试验设计点和响应面近似模型的并行子空间算法结构。

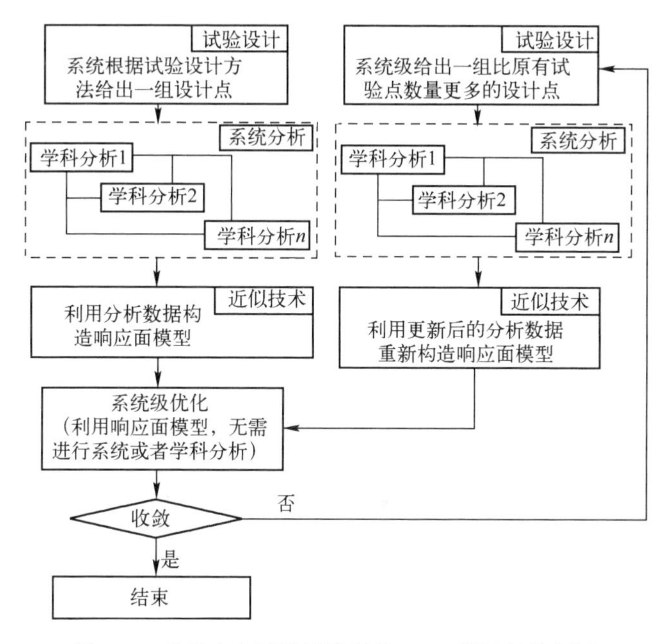

图5.4 基于响应面近似模型的CSSO算法结构框图

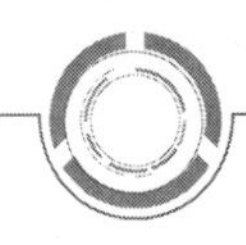

2. 协同优化算法(CO)

协同方法中,多学科设计优化问题被分解成若干学科级优化问题和一个系统级优化问题,系统级向各学科级分配系统级变量的目标值,各学科级在满足自身约束的条件下,其目标函数应使学科间耦合变量与分配的目标值的差距最小,经学科级优化后,各目标函数再传回给系统级,构成系统级的一致性约束,以解决各学科间耦合变量的不一致性。通过系统级优化和子系统级优化之间的多次迭代,最终得到一个学科间一致的系统最优设计方案。协同优化算法本质上就是系统级协调优化算法。该方法将相关约束和局部设计变量置于子学科级中进行分析和设计优化,这样显著减少了系统级的设计变量和约束。协同方法的基本框架如图 5.5 所示。

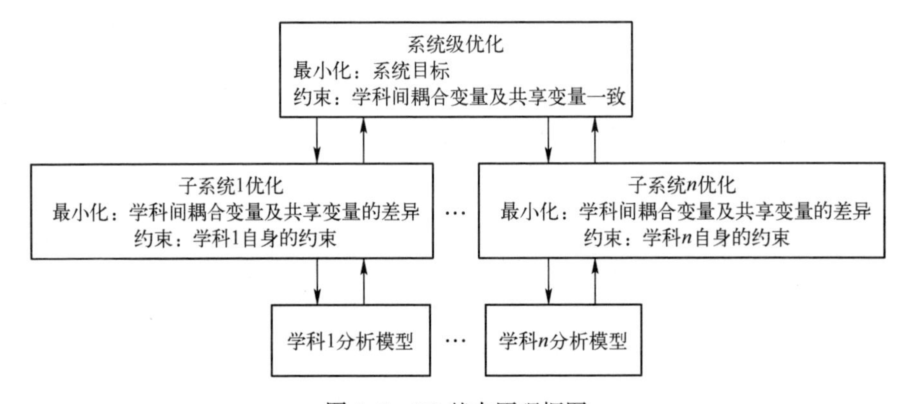

图 5.5　CO 基本原理框图

协同优化方法分两级处理,系统级优化问题数学模型可表述为

$$\begin{cases} \min f(Z) \\ \text{s.t.} \quad J_i = 0 \quad \forall \text{第}\ i\ \text{个子系统} \\ Z = \{XS^0, YC^0, YA^0\} \end{cases} \tag{5.2}$$

式中:$f(Z)$为整个系统的目标函数;J_i为系统级约束,这些约束是学科级目标函数最优解同目标变量之间的近似函数,又叫协调约束;$\{XS^0\}$为学科之间的共享设计变量;$\{YC^0\}$为学科之间的耦合状态变量;$\{YA^0\}$为直接与系统目标有关的状态变量。

第 i 个子系统的优化数学模型为

$$
\begin{cases}
\min j_i = \| XS - XS^0 \|^2 + \| YC - YC^0 \|^2 + \| YA - YA^0 \|^2 \\
\text{s. t.} \quad G_i \leqslant 0 \\
X_i = \{ XL_i, XS_i, YC_j \}
\end{cases}
\tag{5.3}
$$

式中：J_i为子系统目标函数，即子系统优化方案和系统级优化方案的差异函数；G_i为子系统的自身约束条件；$\{XL_i\}$为子系统的局部设计变量；$\{XS_i\}$为系统级传递来的共享设计变量；$\{YC_j\}$为系统级传递来的非本学科的耦合状态变量；$\{YA_i\}$为本学科状态变量，由分析模型计算。

由以上论述可见，协同优化中，系统级优化使系统目标函数最小，同时要求子系统优化方案$\{XS, YC, YA\}$和系统级优化方案$\{XS^0, YC^0, YA^0\}$的差异函数$J_i = 0$，系统级优化后的系统设计变量最优解随后被分配给各个学科，而学科级优化的目的是在本学科可行域内搜索与这个解最接近的设计点，并将该点返回给系统级，系统级优化将利用各个学科返回的设计点继续进行系统级优化来搜索下一个系统设计变量最优解，这个过程不断进行，直到迭代收敛为止。

3. BLISS(bi-level integrated system synthesis)方法

BLISS方法是一种用来优化工程系统的基于分解的优化方法，它包括通过系统优化过程优化相关的少量设计变量，子系统优化过程优化大量的局部变量。在BLISS优化过程中，最优敏感性分析数据用来将子系统优化结果和系统优化联系起来。在BLISS的基础上，使用系统分析或者子系统优化结果的多项式响应面逼近得到了发展，响应面的构造过程是十分适合于并行处理环境进行计算处理的。BLISS方法使用梯度导向的路径来提高系统设计，在子空间设计模块和系统设计空间之间进行交替优化。BLISS是一种类似MDF的方法，在每个路径开始时进行一次完全的系统分析来维持多学科的可行性，把系统优化问题分解成一系列局部优化问题。系统水平的优化用来处理相关的少量全局变量，局部优化用来处理大量详细的局部设计变量$\boldsymbol{X}$。BLISS过程由系统分析、敏感性分析、局部学科优化、系统级优化组成。其算法结构如图5.6所示。

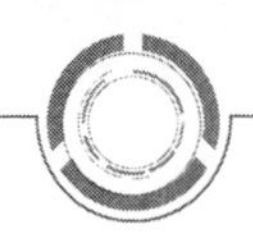

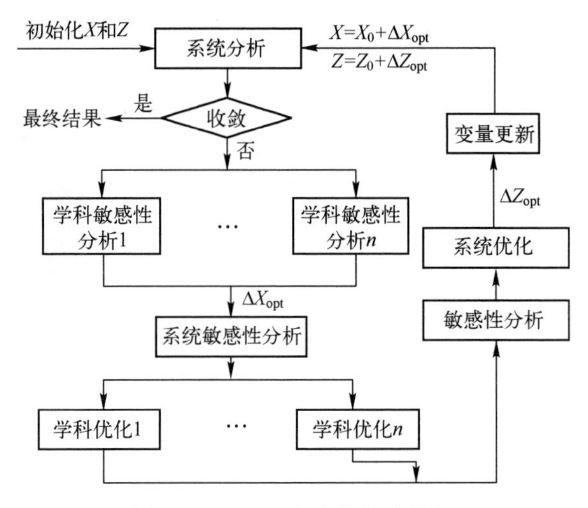

图 5.6　BLISS 方法的算法构架

5.2　翼面协同优化分解法

在多学科设计优化算法中,协同优化(collaborative optimization,CO)是一种近期发展起来的非常有效的非层次型分解问题的多级优化设计方法。协同方法在 1994 年由 Kroo 提出,应用于飞机的初步优化设计[7-8]。早期的协同方法多用来解决单学科单目标问题,目前协同方法已得到了广泛的应用,是针对大规模耦合多学科问题的 MDO 方法论。

协同方法结构与现有飞行器工程设计分工组织形式相吻合,因此更加适合并行优化计算以缩短设计周期。与其它多学科设计优化算法如并行子空间法相比,协同方法具有数据传输量小、优化算法结构简单等优点。此外,协同方法按保持学科计算自治的核心思想将多学科优化问题分解成许多个子问题,便于这些子问题应用本学科最为先进的技术来设计优化本学科的设计变量。

虽然运用协同方法对原问题的分解增加了设计变量的总数,但是子学科的设计优化功能使得各个子系统具有较高的学科自治性,使协同方法的优化性能仍然要优于非分解层次系统的方法。

由于翼面优化是一个多学科优化系统,分气动和结构两个学科,按照协同优化策略将原优化问题分解成一个二级系统,则系统优化模型可表述为

$$
\begin{cases}
\min \quad F(\boldsymbol{X}_{\text{system}}) = W_1 \cdot C_{\text{Weight}} + W_2 \cdot C_{D/L} \\
\qquad C_{\text{Weight}} = \dfrac{\text{Weight}_{\text{baseline}} - \text{Weight}_{\text{opt}}}{\text{Weight}_{\text{baseline}}} \\
\qquad C_{D/L} = \dfrac{D/L_{\text{baseline}} - D/L_{\text{opt}}}{D/L_{\text{baseline}}} \\
\text{s.t.} \quad S = 60750\text{mm}^2 \\
\qquad J_{\text{aero}}(\boldsymbol{X}_{\text{system}}, \boldsymbol{X}^*_{\text{aero}}) = \sum (\boldsymbol{X}_{\text{system}} - \boldsymbol{X}^*_{\text{aero}})^2 = 0, \\
\qquad J_{\text{struct}}(\boldsymbol{X}_{\text{system}}, \boldsymbol{X}^*_{\text{struct}}) = \sum (\boldsymbol{X}_{\text{system}} - \boldsymbol{X}^*_{\text{struct}})^2 = 0 \\
\qquad \boldsymbol{X} \in R^n
\end{cases}
\tag{5.4}
$$

式中：$\boldsymbol{X}^*_{\text{aero}}$和$\boldsymbol{X}^*_{\text{struct}}$为气动、结构子学科传上的最优解。

气动子系统优化模型为

$$
\begin{cases}
\min \quad F_{\text{aero}}(\boldsymbol{X}) = \sum (\boldsymbol{X} - \boldsymbol{X}_{\text{aero}})^2 \\
\text{s.t.} \qquad S = \text{const} \\
\qquad C_{\text{L}} \geqslant C_{\text{L}_{\text{baseline}}} \\
\qquad \boldsymbol{X} \in R^n
\end{cases}
\tag{5.5}
$$

结构子系统优化模型为

$$
\begin{cases}
\min \quad F_{\text{struct}}(\boldsymbol{X}) = \sum (\boldsymbol{X} - \boldsymbol{X}_{\text{struct}})^2 \\
\text{s.t.} \qquad S = \text{const} \\
\qquad \sigma_{\max} \leqslant \sigma_{\text{allowable}} \\
\qquad \delta_{\max} \leqslant \delta_{\text{allowable}} \\
\qquad \boldsymbol{X} \in \text{R}^n
\end{cases}
\tag{5.6}
$$

式中：$\boldsymbol{X}_{\text{aero}}$和$\boldsymbol{X}_{\text{struct}}$为系统级传下的设计变量期望值。

5.3 翼面协同优化方法数值计算困难和改进

一些理论分析[90]和应用研究[91]表明，协同方法有时会无法得到收敛解或者只能得到局部最优解。因为协同方法存在以下数值计算困难。

(1) 需要多次系统级优化才能收敛，计算成本较高。

(2) 辅助变量的加入扩大了优化变量维数。

(3) 学科一致性约束使学科非线性程度增加。

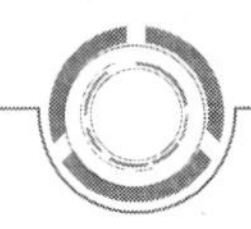

(4) 系统级优化不满足 K-T 条件,优化难以收敛。

前两个问题随着计算机技术的发展已不再明显,目前引起数值困难的原因是非线性程度的增加和系统级 K-T 条件破坏。

5.3.1 非线性的增强

由于 CO 方法将优化问题分成了两级,在系统级构造出等式一致性约束,在学科级构造出系统级约束目标函数,这使得协同优化的数学模型多出了比原问题更为复杂、更多数量的非线性环节。

以二次函数的最小化问题为例,有

$$\begin{cases} \min & F=x_1^2+x_2^2 \\ \text{s. t.} & x_1+\beta x_2<\gamma_1 \\ & \beta x_1+x_2>\gamma_2 \\ & l_1<x_1<u_1 \\ & l_2<x_2<u_2 \end{cases} \tag{5.7}$$

式中:β、γ_1、γ_2、l_1、l_2、u_1、u_2为给定值,按协同方法转化后其系统级数学模型为

$$\begin{cases} \min & F=z_1^2+z_2^2 \\ \text{s. t.} & J_1^*=(z_1-x_{11}^*)^2+(z_2-x_{12}^*)^2=0 \\ & J_2^*=(z_1-x_{21}^*)^2+(z_2-x_{22}^*)^2=0 \end{cases} \tag{5.8}$$

式中:z_1、z_2为系统级设计变量;J_1^*、l_2^*为系统级一致性等式约束;x_{11}^*、x_{12}^*为学科 1 的设计变量;x_{21}^*、x_{22}^*为学科 2 的设计变量。

两个子系统的数学模型为

$$\begin{cases} \min & J_1=(z_1-x_{11})^2+(z_2-x_{12})^2=0 \\ \text{s. t.} & x_{11}+\beta x_{12}<\gamma_1 \end{cases} \tag{5.9}$$

$$\begin{cases} \min & J_2=(z_1-x_{21})^2+(z_2-x_{22})^2=0 \\ \text{s. t.} & \beta x_{21}+x_{22}>\gamma_2 \end{cases} \tag{5.10}$$

可见原问题的目标函数是非线性的,但约束是线性的;而进行协同优化表述后,由于附加了一致性等式约束,系统级优化问题的约束也变成非线性。所以,求解多学科优化问题时,选用合适的非线性优化算法是极为重要的一个方面。

5.3.2　K-T 条件的破坏

对于有约束的非线性问题,其最优解都必须满足 Kuhn-Tucker(K-T)稳态条件,所以若 z^* 是系统级优化的一个最优点,则根据 K-T 条件,必须存在拉格朗日乘子 $\boldsymbol{\lambda}^* = [\lambda_1^*, \lambda_2^*, \cdots, \lambda_N^*]^{\mathrm{T}} \geqslant 0$,且满足下式,即

$$\nabla F(z^*) + \sum_{i=1}^{N} \lambda_i^* \nabla J_i^*(z^*) = 0 \tag{5.11}$$

代入拉格朗日乘子写成矩阵形式为

$$\nabla F(z^*) + \nabla J_i^* \boldsymbol{\lambda}^* = 0 \tag{5.12}$$

式中:∇表示雅可比(Jacobian)矩阵。$\boldsymbol{\lambda}^*$ 可写为

$$\boldsymbol{\lambda}^* = -\nabla F(z^*)(\nabla J_i^*)^{-1} \tag{5.13}$$

由于学科一致性约束采用 2-范数形式,在 z^* 处有

$$\nabla J_i^* = 0 \tag{5.14}$$

由此可见,在最优点 z^* 处,$\boldsymbol{\lambda}^*$ 不存在,K-T 条件被破坏了。

这是因为系统级的约束函数与设计变量没有直接的关系,在等式约束的最小化问题中,等式约束在可行点处雅可比矩阵为零且不满秩造成 $\boldsymbol{\lambda}^*$ 不存在。所以,协同优化中尽管极值存在,优化算法却无法找到这个解。

5.4　搜索算法的确定方法

选择合适的优化算法能够有效地解决协同优化带来的非线性增加问题,本书通过几个典型的 Benchmark 问题来评判罚函数法、序列二次规划法、遗传算法及组合优化算法的性能优劣,以找出最适合翼面优化设计系统的优化算法。

5.4.1　优化算法原理简介

1. *SUMT 方法*

SUMT(sequential unconstrained minimization technique)方法是求解非线性约束优化问题的常用方法,其基本思想是把约束优化问题转化为一系列无约束优化问题来求解。外点 SUMT 法就是罚函数法(penalty function method,PFM),与 SUMT 内点法和拉格朗日乘子法同属 SUMT 法。外点 SUMT 法非常可靠,通常能够在有最小值的情况下,相对容易地寻找到真正的目标值。并且可以通过使罚函数的值达到无穷,把设计变量从不可行域拉回到可行域中来找到目标值。

同时,SUMT 法方法原理简单,易于程序实现,对目标函数和约束条件的要求不苛刻,适合求解如协同优化系统级优化 K-T 条件不满足的问题。但是该方法收敛较慢,全局搜索能力较弱。

外点 SUMT 法所定义的罚函数形式为

$$P(\boldsymbol{x})=P_{\mathrm{d}}(\boldsymbol{x})+P_{\mathrm{g}}(\boldsymbol{x}) \tag{5.15}$$

$$P_{\mathrm{d}}(\boldsymbol{x}) = \sum_{i=1}^{n}\{[\min(x_t^{(t)} - x_i^{\mathrm{low}}),0]^2 + [\max(x_t^{(t)} - x_i^{\mathrm{up}}),0]^2\} \tag{5.16}$$

$$P_{\mathrm{g}}(\boldsymbol{x}) = \sum_{j=1}^{m}[\max(g_i(\boldsymbol{x}),0)]^2 \tag{5.17}$$

式(5.20)中,$P_{\mathrm{d}}(\boldsymbol{x})$是设计变量约束的惩罚项,$P_{\mathrm{g}}(\boldsymbol{x})$是设计变量以外的约束条件的惩罚项。通过这种罚函数的方式,有约束的优化问题就可以转化为如下一系列无约束优化子问题:

$$\min \quad F(\boldsymbol{x},C_p^k)=f(\boldsymbol{x})+C_p^k P(\boldsymbol{x}) \tag{5.18}$$

式中:$C_p^k>0$ 是第 k 次无约束优化时的罚因子,当该值趋近于无穷大时,上式的无约束优化的最优解趋近于一个极值,即为原约束问题的最优解。

2. 序列二次规划法

序列二次规划法(sequential quadratc programming,SQP)是发展和成熟于 20 世纪 80 年代中后期的一种约束最优化方法,较为适合处理非线性规划问题。其主要思想是将原问题近似为二次规划问题为子问题来求解。具体处理方式为在每一个迭代点 $\boldsymbol{x}_k$处构造一个二次规划子问题,即

$$\begin{cases}\min \quad \boldsymbol{p}_k^{\mathrm{T}}\nabla f_k+\dfrac{1}{2}\boldsymbol{p}_k^{\mathrm{T}}\boldsymbol{H}_k\boldsymbol{p}_k \\ \text{s. t.} \quad g_k^j+\boldsymbol{p}_k^{\mathrm{T}}\nabla g_k^j\leqslant 0, \quad j=1,2,\cdots,m\end{cases} \tag{5.19}$$

式中:$\boldsymbol{H}_k$为拉格朗日函数,有

$$L(\boldsymbol{x},u)=f(\boldsymbol{x}) + \sum_{j=1}^{m}u_j g_j(\boldsymbol{x}) \tag{5.20}$$

以式(5.19)的解为迭代的搜索方向 $\boldsymbol{p}_k$,作一维搜索可得到 $\boldsymbol{x}_{k+1}$。该过程重复进行直至获得原问题的最优解 $\boldsymbol{x}^*$。

序列二次规划法应用广泛,对求解非线性优化问题非常有效,许多大型优化软件都采用这种方法进行求解,但是该方法只适合目标函数和约束函数均是 2 阶连续可微函数的非线性规划问题,而且求解过程中需要存储海森矩阵,不适合大规模优化问题。

3. 遗传算法

遗传算法(genetic algorithm,GA)于20世纪60年代初期,由美国Michgan大学的J. Holland教授提出并用来求解科学研究及工程技术中的组合搜索和优化计算。发展到在80年代中期遗传算法已吸引了大批学者和工程师从事该领域的研究。遗传算法是一种全局搜索算法,且整体搜索策略和优化计算不依赖于梯度,适合处理以往传统优化算法难以处理的高度复杂的非线性问题[82]。

遗传算法是一种模拟生物在自然环境中的遗传和进化过程而形成的自适应全局优化概率搜索算法。其基本思想如下。

将设计空间内的可能解看作种群中的个体,并对其编码存储,以目标函数为标准对个体进行适应度评估,通过选择、复制保留优良个体即目标函数较小的解,并同时通过交叉和变异来产生新个体即种群更新,这一过程反复执行直至找到最优个体即优化问题的全局最优解。

标准遗传算法的基础性理论是Holland教授提出的模式定理及积木块假设。遗传算法中采用编码的运算实质是模式的运算。

模式定理保证了遗传算法有可能达到全局最优解,而积木块假设表明遗传算法具备全局寻优能力,能最终形成最优解。

和传统优化算法不同,遗传算法的搜索过程是基于群体的。遗传算法从一组随机产生的初始解群体开始搜索,通过交叉和变异算子来产生后代,通过选择算子进行优胜劣汰。每一代中都仅仅依靠适应值来衡量个体的好坏。经过若干代以后,算法收敛至搜索到的最优个体。

如图5.7所示,标准(基本)遗传算法的主要步骤可概括如下。

(1) 编码。即问题的解用一种码来表示,从而将问题的状态空间与遗传算法的编码空间相对应。常用的编码方式有二进制编码、十进制编码、三进制编码、实数编码及混合编码等。现有理论已经证明,对于固定的优化问题,二进制编码和浮点型编码所得优化结果差别不大。

(2) 形成初始种群。随机产生一组初始染色体构造初始种群,种群的个体数目在优化过程中是固定的。相当于设计变量赋初值。

(3) 计算适应度。适应度相当于遗传算法的目标函数,是染色体的评价指标。

(4) 遗传算子的确定。包括选择、交叉、变异这3个操作是最为基本和重要的操作。

① 选择(selection):选择的目的是为了从当前群体中选出优良的个体,进

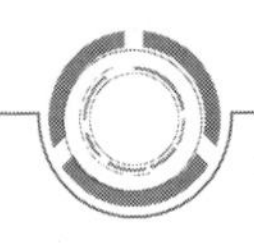

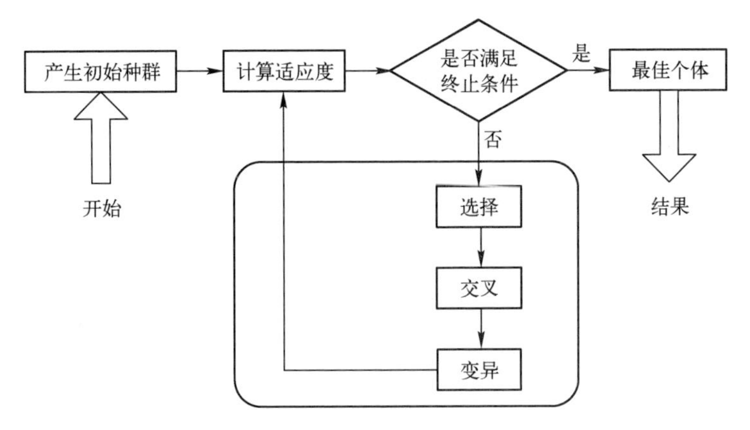

图 5.7　标准遗传算法流程框图

行选择的原则是适应性越强的个体繁殖一个或多个后代的概率就越大。常用的选择方法有比例选择方法(proportional selection)、最优保存策略(elitism)、轮盘赌选择法(roulette wheel selection)、随机遍历抽样法(stochastic universal sampling)、局部选择法(local selection)和锦标赛选择法(tournament selection)。

② 交叉(crossover):交叉操作的目的是得到组合了其父辈个体的特性新一代个体,即在种群中按一定概率选取一定数量的父个体互换部分基因从而产生相同数量子个体。交叉运算是遗传算法产生新个体的主要方法。常用的交叉方法有单点交叉(one-point crossover)、双点交叉(two-point crossover)、多点交叉(multi-point crossover)、均匀交叉(uniform crossover)和算术交叉(arithmetic crossover)等。

③ 变异(mutation):变异是在种群中随机选择一个个体并以一定的概率随机地改变其编码串结构数据中某个串的值以促进新个体产生。概率值在 0.001～0.01 之间。常用的变异运算有基本位变异(simple mutation)、均匀变异(uniform mutation)、边界变异(boundary mutation)、非均匀变异(non-uniform mutation)、高斯变异(Gaussian mutation)等。

(5) 遗传算法参数的选择。主要包括种群数目、交叉与变异的概率、进化代数等。

(6) 算法的终止条件。常用的终止条件有事先给定一个最大的进化代数或判断最佳优化值是否连续若干代没有明显变化。

与经典优化算法相比遗传算法虽然具有全局收敛性好、不依赖目标函数和约束条件的梯度信息、可处理非连续和离散问题、易于并行化和适合求解多目标优化这些优点，但实际应用中也会存在早熟、收敛性能差和计算费时等缺点[84-85]。所以，为改善这些缺点，又出现多岛遗传、免疫遗传和混合遗传算法等。

4. 组合优化算法

算法组合的出发点就是使各种单一算法相互取长补短，产生更好的优化效果，从而提高整体优化方法的性能，发展成为提高优化算法优化性能的一个重要且有效的途径。考虑到 SUMT 法和序列二次规划法都是优秀的局部搜索算法而遗传算法适合全局搜索，可以将其组合，先用遗传算法寻优以避免陷入局部极值，再使用局部搜索算法来找到最优值。

5.4.2 算法性能比较与选择

为了检验上述算法的性能，本书分别采用 SUMT 外点法、序列二次规划法（SQP）、遗传算法（GA）、遗传算法和 SUMT 外点法组合算法（GA+SUMT）、遗传算法和序列二次规划法组合算法（GA+SQP）5 种优化算法对 4 个不同类型的函数做了优化测试。

1. 多元单峰函数

$$f(\boldsymbol{x}) = \sum_{i}^{n} x_i^2, \quad -512 \leqslant x_i \leqslant 512, n = 6 \tag{5.21}$$

其真实最小值为 $f(0,0,0,\cdots,0)=0$，极值点 $\boldsymbol{x}^*$ 为 $(0,0,0,\cdots,0)$。

2. 多局部最优单峰函数

$$f(\boldsymbol{x})= 100\,(x_1-x_2^2)^2+(x_2-1)^2, \quad -5\leqslant x_1, x_2\leqslant 5 \tag{5.22}$$

该函数有无限个局部最优点，全局最小点 $\boldsymbol{x}^*$ 为 $(1, 1)$，全局最小值 $f^*(1,1)=0$。

3. 多元多峰函数

$$f(\boldsymbol{x}) = \sum_{i=1}^{5} i\cos[(i+1)\cdot x_1 + i] \cdot \sum_{i=1}^{5} i\cos[(i+1)\cdot x_2 + i], \; -10 \leqslant x_1, x_2 \leqslant 10 \tag{5.23}$$

该函数有 760 个局部最优点，全局最优点 $\boldsymbol{x}^*$ 有 18 个，全局最小值 $f(\boldsymbol{x}^*)=-186.731$。

4. 多元多目标函数

$$\begin{cases}\min & f_1=\dfrac{x_1^2}{4}+\dfrac{x_2^2}{4}\\ \min & f_2=x_1(1-x_2)+10\\ \text{s. t.} & 1\leqslant x_1\leqslant 4, 1\leqslant x_2\leqslant 2\end{cases} \tag{5.24}$$

该函数按照权值组合法将多目标函数转化为 $f=f_1+f_2$，可行解 $f(\boldsymbol{x}^*)=10.0000$。

测试流程如下。

(1) 对于需要设定初始值的 SQP 和 SUMT 外点法，在其设计空间内随机生成 20 组设计点作为变量初值。

(2) 随后在相同配置的 PC 上编程，分别用 5 种优化算法将 4 个 Benchmark 函数各自执行 20 次。

(3) 记录每个算法对每个函数的 20 次运行中的最优值，将计算时间分别取平均值。

评价优化算法的参数是函数计算最优值和理论最优值的差异、计算出最优值的次数和计算时间，优化结果见表 5.1～表 5.4。

表 5.1 多元单峰函数优化结果对比

优化算法	理论最优值	计算最优值	发现最值次数	平均耗时
SUMT	0.0000	0.0000	20	5s
SQP	0.0000	0.0000	20	5s
GA	0.0000	0.0000	20	5min55s
GA+SUMT	0.0000	0.0000	20	40s
GA+SQP	0.0000	0.0000	20	42s

表 5.2 多局部最优单峰函数优化结果对比

优化算法	理论最优值	计算最优值	发现最值次数	平均耗时
SUMT	0.0000	0.0003	20	5s
SQP	0.0000	0.0003	20	6s
GA	0.0000	0.0000	13	1min57s
GA+SUMT	0.0000	0.0000	19	43s
GA+SQP	0.0000	0.0000	20	44s

表 5.3 多元多峰函数优化结果对比

优化算法	理论最优值	计算最优值	发现最值次数	平均耗时
SUMT	-186.7310	-186.7314	5	3s
SQP	-186.7310	-186.7314	19	4s
GA	-186.7310	-186.7314	17	1min3s
GA+SUMT	-186.7310	-186.7312	10	47s
GA+SQP	-186.7310	-186.7312	20	46s

表 5.4 多目标函数优化结果对比

优化算法	理论最优值	计算最优值	发现最值次数	平均耗时
SUMT	10.0000	10.0000	20	3s
SQP	10.0000	10.0000	20	2s
GA	10.0000	10.0000	20	29s
GA+SUMT	10.0000	10.0000	20	37s
GA+SQP	10.0000	10.0000	20	34s

对比表中数据可看出,对于单峰值连续的多元函数,5 种优化算法均能搜索到全局最优解,但遗传算法和组合优化算法同 SUMT 外点法和序列二次规划法相比则耗时明显较多。

对于单峰值多局部最优的函数,SUMT 外点法和序列二次规划法虽然耗费时间较少,但这两种算法却无法收敛于全局最优,精度略差;遗传算法和两种组合算法可以大概率搜索到全局最优解。

而对于多峰值的函数而言,SUMT 外点法全局性搜索能力不佳的缺点开始显现,即使和遗传算法组合,搜索效率也很低;序列二次规划法和遗传算法单独使用不论是搜索效率还是寻优精度都不如遗传算法和序列二次规划法组合算法;遗传算法和组合优化算法仍然较为费时。

对多目标优化来说,各算法的优化精度和效率均较高。

整体看来序列二次规划法在非组合优化算法中有最好的搜索性能且搜索时间短。但组合优化算法性能较为均衡,且不需要给定初值,相对于遗传算法其计算时间和搜索精度都有所提高。

对于本书的优化问题而言,由于翼面优化的数学模型本身就是非线性问题而且协同分解后加大了其非线性程度,应采用 GA+SQP 组合的搜索算法,将遗传算法全局搜索能力强且对初值不敏感的优点和序列二次规划法局部搜索能

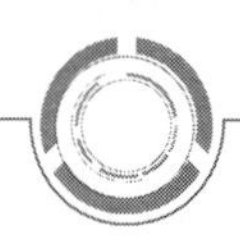

力强的优点结合起来,虽然耗费时间多于单独的序列二次规划法,但是选用这种组合优化算法可以显著提高搜索精度和鲁棒性。

由于序列二次规划法在协同方法中的使用会造成 K-T 条件破坏,所以必须同时考虑对协同优化框架的改进。

5.5 协同优化框架的改进

为了解决 K-T 条件破坏的问题,Alexandrov 等[92-93]提出了约束松弛法,但需指定松弛系数大小;Lin[94]提出系统级敏感度方法修改了协同优化的表述形式;李响[95]提出了超球近似子空间协同方法,该法收敛性很好,但无法保证收敛到原问题最优解;韩明红[96]使用 1-范数来构造学科一致性约束,但存在系统级约束不连续问题;龙腾[97]使用了基于 FD-SUMT 法的改进协同优化 ECO-FSM,将原系统级约束优化转为一组无约束优化问题间接求解而使优化与拉格朗日乘子无关,但 SUMT 依赖于梯度,不适合非连续性问题。

以上方法各有利弊,考虑到翼面优化的数据复杂性和求解规模,以及 5.4 节对优化算法的研究结果,为了更有效地使用高效的搜索算法,本书选用了约束松弛法修改一致性约束。

以式(5.7)中有约束二次函数为例验证约束松弛法的有效性为

$$\begin{cases}\min \quad F=x_1^2+x_2^2\\ \text{s. t.} \quad x_1+0.5x_2<4\\ \qquad 0.5x_1+x_2>2\end{cases} \tag{5.25}$$

该问题的最优解$(x_1^*, x_2^*)=(0.8, 1.6)$。采用式(5.8)、式(5.9)、式(5.10)的协同标准结构分解后使用了依赖于拉格朗日乘子的序列二次优化法给定一组初值(x_1^0, x_2^0)优化,结果如表 5.5 所列。

表 5.5 标准 CO 方法优化结果

(x_1^0, x_2^0)	(x_1^{opt}, x_2^{opt})
(2,3)	(0.3265,−0.3895)
(4,−1)	(4.0000,−0.0001)
(3,0)	(3.0390,0.4800)
(0,1)	(0.7676,1.6162)

松弛约束法即引入松弛因子 ξ，令系统级优化中的一致性约束 $J_i=\xi$，优化结果如表 5.6 所列。

表 5.6 改进 CO 方法优化结果

(x_1^0,x_2^0)	(x_1^{opt},x_2^{opt})
(2,3)	(0.7806,1.6032)
(4,-1)	(0.8042,1.6203)
(3,0)	(0.8005,1.6017)
(0,1)	(0.8003,1.6009)

由算例分析可见，标准协同方法确实存在求解困难，采用了序列二次规划法求出的优化解会因初值不同而有很大差别；采用松弛法后，不同初值都可以得到比较满意的结果，证明了该法的有效性；松弛因子越小，优化结果精度越高，但取值过小会造成求解困难，所以比设计变量小 4 个量级即可。

所以在本书的翼面优化搜索算法中为了解决引入序列二次规划法会引起协同优化算法的数值困难，利用松弛系数法对系统级优化一致性约束进行改变，松弛因子 $\xi=0.00001$，即

$$\begin{cases} J_{\text{aero}}(\boldsymbol{X}_{\text{system}},\boldsymbol{X}_{\text{aero}}^*)=\sum(\boldsymbol{X}_{\text{system}}-\boldsymbol{X}_{\text{aero}}^*)^2=0.00001 \\ J_{\text{struct}}(\boldsymbol{X}_{\text{system}},\boldsymbol{X}_{\text{struct}}^*)=\sum(\boldsymbol{X}_{\text{system}}-\boldsymbol{X}_{\text{struct}}^*)^2=0.00001 \end{cases} \tag{5.26}$$

5.6 基于代理模型的翼面协同优化框架

要克服协同优化方法在求解 MDO 问题时所遇到的计算困难，除了使用鲁棒性高的现代优化算法来代替传统的优化算法进行系统级寻优和采用更为合理的约束处理方法对系统级的一致性等式约束进行约束处理，使用代理模型技术改变标准协同优化框架也是有效的改进手段。

应用代理模型对协同优化框架进行调整，可以避免代价高昂的高精度学科分析和平滑学科噪声对算法的不良影响，从而大大简化协同优化过程中的分析和优化工作。

就本书的翼面优化而言，设计变量与状态变量 C_L、C_D、$\sigma_{\max}$、$\delta_{\max}$、Weight 之间没有显式的表达式，需要采用分析模型来获得其映射关系。通过第 4 章的研究已经证明了采用代理模型技术取代高精度学科分析的可行性，并确定以 RBF 神经网络为近似技术代替分析模型，如图 5.8 所示，本书在采用协同优化对翼

面进行优化的框架中,对采用高精度分析模型的系统级和子学科级优化使用学科分析代理模型,并使用松弛系数法改进一致性约束。

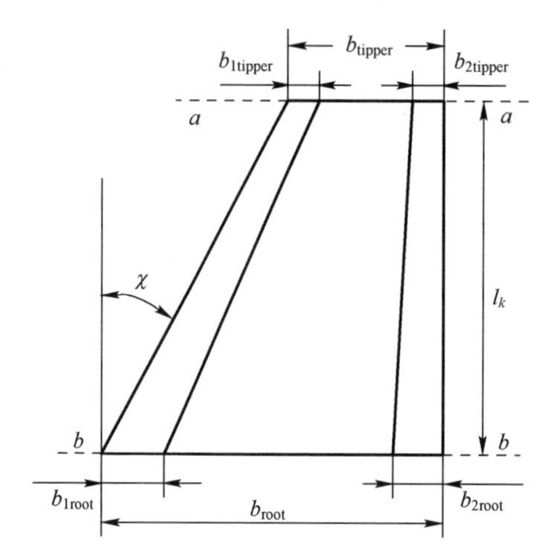

图 5.8　使用代理模型的改进后翼面协同优化框架

5.7　本 章 小 结

本章以飞行器翼面为优化对象,根据设计要求按照协同优化思想将优化分为气动和结构两个子系统,并针对当前协同优化存在的计算困难,使用了 GA+SQP 组合优化算法和松弛系数法提高了搜索的精度和稳定性。

在第 4 章对翼面代理模型研究的基础上,优化过程采用了 RBF 神经网络代替高精度分析模型进行学科分析以降低计算量,并建立了采用代理模型的协同优化框架和优化流程。

6 第 6 章

飞行器翼面的协同优化过程

本章以某近距离飞行器的尾翼为设计对象，综合利用第 2~5 章的研究结果，以协同优化方法为支撑构建了考虑气动结构耦合的多目标优化设计流程，并基于 ISIGHT 软件平台完成了尾翼的优化设计。

6.1 优化问题描述

本书的研究内容是如何确定一组飞行器翼面的外形参数，使得该飞行器在不发生颤振等结构破坏的条件下获得最大的升阻比和最小的弹翼质量。

本书研究的对象为某单位研制的飞行器尾翼，对飞行器和翼面的外形可各自通过一组参数定义。

6.1.1 飞行器外形

由于翼面在飞行器的后部，其流场分布受前部结构的影响，所以流体分析部分均使用的是飞行器整体结构分析。图 6.1 给出了飞行器外形 UG 三维几何模型局部示意图。

6.1.2 翼面外形参数定义

考虑到飞行器的所有工况涵盖了比较广泛的马赫数段，所以翼面选为梯形翼，并采用六角形作为翼形。以单片翼为例，图 6.2 所示为弹翼的平面和截面建模几何参数，各参数及含义如表 6.1 所列。

图 6.1　近距离飞行器翼面外形 UG 三维结构示意图

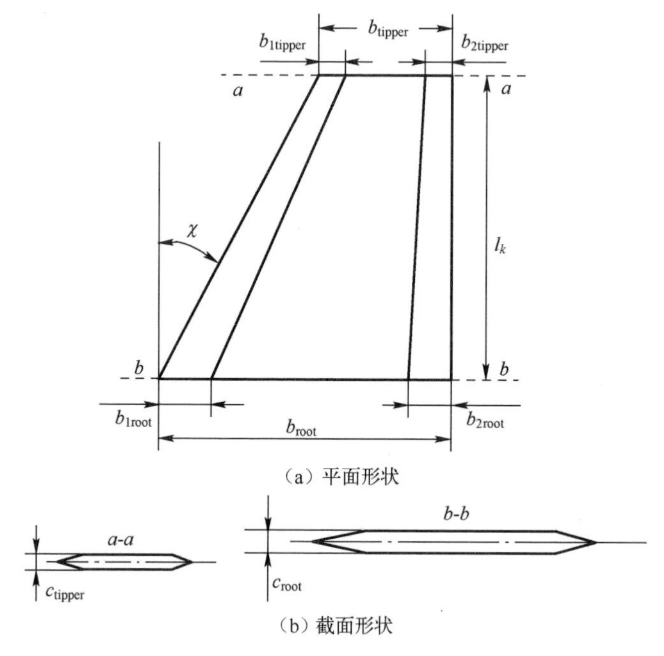

（a）平面形状

（b）截面形状

图 6.2　近距离飞行器翼面几何参数示意图

表 6.1　翼面几何参数

参数名称	含　义
χ	前缘后掠角
l_k	展长
b_{root}	根弦长
b_{tiper}	梢弦长

续表

参数名称	含义
b_{1tiper}	六角翼梢前缘长
b_{2tiper}	六角翼梢后缘长
b_{1root}	六角翼根前缘长
b_{2root}	六角翼根后缘长
c_{root}	翼根厚度
c_{tiper}	翼梢厚度

6.1.3 翼面设计变量选择

翼面的建模几何参数只适合对翼面进行三维建模,对于描述一个固定的翼面形状来说,往往需要将其换算为一系列无量纲参数,下面是翼面几何建模参数的换算关系:

(1) 展弦比 $\lambda=2l_k/(b_{root}+b_{tiper})=l_k^2/S$;

(2) 梢弦长 $b_{tiper}=b_{root}-\tan(\chi)\cdot l_k$;

(3) 参考翼面面积 $S=\text{const}=1/2\cdot(b_{root}+b_{tiper})\cdot l_k$;

(4) 平均气动弦长 $\text{aveb}=(b_{tiper}+b_{root})\cdot(1/2)$;

(5) 翼根相对厚度 $\boldsymbol{c}'_{root}=c_{root}/\text{aveb}$;

(6) 翼梢厚度收缩比 $k=c_{tiper}/c_{root}$;

(7) 翼前缘特征比 $b_1=b_{1tiper}/b_{tiper}=b_{1root}/b_{root}$;

(8) 翼后缘特征比 $b_2=b_{2tiper}/b_{tiper}=b_{2root}/b_{root}$。

几何建模参数可转换为6个无量纲参数,即展弦比 λ、前缘后掠角 χ、翼根相对厚度 c'_{root}、翼梢收缩比 k、翼前缘特征比 b_1、翼后缘特征比 b_2。这种无量纲化的表示方法更符合飞行器翼面的设计习惯,便于采用行业内的工程经验进行设计区间的选择,这6个参数即为设计变量。

6.2 翼面优化数学模型确定

本书对翼面设计要求的描述是一个优化问题,而且是一个对翼面包括气动、结构、质量3个子学科的多目标、多学科优化。首先应明确其数学模型,即设计变量、约束条件和目标函数。

6.2.1 设计区间确定

翼面的设计变量选为上述 6 个无量纲形状参数，用 $\boldsymbol{X}$ 来表示，$\boldsymbol{X}=\{\lambda,\chi,c'_{\text{root}},k,b_1,b_2\}$，其设计空间为 R^n。

考虑到飞行器的飞行环境需要跨声速飞行，应采用大后掠翼，同时设计状态属于超声速，应采用小展弦比的薄弹翼，参考飞行器设计工程经验[99]确定了设计变量的取值范围，如表 6.2 所列。

表 6.2　翼面设计变量区间

设计变量	下　限	上　限
展弦比 λ	1.0	1.4
前缘后掠角 χ	40°	50°
翼根相对厚度 c'_{root}	0.035	0.055
翼梢收缩比 k	0.4	0.6
翼前缘特征比 b_1	0.055	0.125
翼后缘特征比 b_2	0.04	0.08

6.2.2 约束条件确定

1. 几何约束条件确定

对飞行器而言，弹翼的面积是根据保证满足所有可能的飞行弹道上的机动性要求来选择的，即可用过载应大于需用过载。由于新翼面需要为飞行器提供一定的过载，所以必须保证其与初始翼面具有相同的参考翼面面积 S。由初始弹翼的几何参数可计算出

$$
\begin{aligned}
S &= \text{const} \\
&= 1/2\times(b_{\text{root}}+b_{\text{tiper}})\times l_k \\
&= 60750\text{mm}^2
\end{aligned}
\tag{6.1}
$$

所以，设计点必须满足几何约束 C^1：$S=\text{const}=60750\text{mm}^2$。

2. 气动性能约束条件确定

在气动性能方面，因为设计要求提高升阻比，有可能出现升力、阻力都减小

的设计点，而飞行器飞行必须具有足够的升力，所以气动性能要求优化后的翼面升力系数 C_L 不能比初始翼面的升力系数 $C_{L_{baseline}}$ 小。

即气动约束 C^2：　　　　　$C_L \geqslant C_{L_{baseline}}$

3. 结构性能约束条件确定

在结构性能方面，若要翼面不产生破坏，则必须满足应力和变形的要求，即结构的最大正应力 σ_{max} 小于材料的许用应力 $\sigma_{allowable}$，结构最大变形 δ_{max} 小于许用变形 δ_{max}。翼面材质为铝合金，查阅《机械设计手册》可知其许用应力为350MPa。

$\delta_{allowable}$ 根据工程经验取展长 l_k 的5%。

即结构约束 C^3：$\sigma_{max} \leqslant \sigma_{allowable} = 350\text{MPa}$；$\delta_{max} \leqslant \delta_{allowable} = 0.05 l_k$。

6.2.3 目标函数确定

1. 多目标加权组合法

不同于传统设计，本书对翼面优化提出了提高升阻比和降低翼面重量两个目标，在最优化设计中存在同时要求几项设计指标达到最优的最优化问题，称为多目标最优化问题[86-87]。多目标最优化问题数学模型的典型形式为

$$\begin{cases} \min & f_1(\boldsymbol{x}), f_2(\boldsymbol{x}), \cdots, f_n(\boldsymbol{x}) \\ \text{s.t.} & g_i(\boldsymbol{x}) \leqslant 0, h_j(\boldsymbol{x}) = 0 \\ & i = 1, 2, \cdots, m \\ & j = 1, 2, \cdots, k \end{cases} \tag{6.2}$$

对于这种多目标的问题，各个分目标 $f_1(\boldsymbol{x}), f_2(\boldsymbol{x}), \cdots, f_n(\boldsymbol{x})$ 往往会互相冲突和矛盾而无法一同达到最优值，只能在各分目标的最优值之间进行协调和折中，尽量使各分目标函数达到最优，得到一个整体方案对各分目标函数的最优方案。为此，可采用加权组合法将式(6.2)中多项分目标的问题，转化为求一项统一目标 $F(\boldsymbol{x})$ 的问题。

加权组合法将各分目标函数按线性方式组合为

$$\begin{aligned} F(\boldsymbol{x}) &= F\{f_1(\boldsymbol{x}), f_2(\boldsymbol{x}), \cdots, f_n(\boldsymbol{x})\} \\ &= \sum_{q=1}^{n} W_q f_q(\boldsymbol{x}) \end{aligned} \tag{6.3}$$

式中：W 为加权因子，其值取决于各项目标的数量级及其重要程度并大于0且

和为 1。这种将统一目标 $F(\boldsymbol{x})$ 按各分目标函数的权重组合的方法是为了在极小化 $F(\boldsymbol{x})$ 中使各个分目标函数均能合理趋向各自的最优值。

2. 目标函数归一化及权值选择

在加权组合法中，为了消除各个项的数量级差异，有两种处理方法，即直接加权法和各目标函数归一化处理后选择权值。

在直接加权法中，设各目标函数值的变动范围为 $\alpha_q \leqslant f_q(\boldsymbol{x}) \leqslant \beta_q$，引入各目标容限的概念，即

$$\Delta f_q = \frac{\alpha_q - \beta_q}{2}, \quad q = 1, 2, \cdots, n \tag{6.4}$$

则加权因子为

$$W_q = \frac{1}{\Delta f_q^2} \tag{6.5}$$

当某项目标函数的变化范围越宽时，其目标的容限越大，加权因子就取较小值以平衡各目标数量级。

在直接加权法中无法直观地通过权值显示出对各目标的重视程度，所以本书选择了对各目标函数归一化处理，即引入系数 C_{weight} 和 $C_{D/L}$ 来表示原本的分目标函数翼面重量和升阻比，以消除两者的数量级差异。

所以，使用了上述线性加权组合法和分目标归一化得到目标函数，则弹翼多目标优化问题的描述为

$$\begin{cases} \min \quad F(\boldsymbol{X}) = W_1 \cdot C_{\text{Weight}} + W_2 \cdot C_{D/L} \\ \qquad C_{\text{Weight}} = \dfrac{\text{Weight}_{\text{baseline}} - \text{Weight}_{\text{opt}}}{\text{Weight}_{\text{baseline}}} \\ \qquad C_{D/L} = \dfrac{D/L_{\text{baseline}} - D/L_{\text{opt}}}{D/L_{\text{baseline}}} \\ \text{s.t.} \quad S = \text{const} \\ \qquad = 60750\text{mm}^2 \\ \qquad C_{\text{L}} \geqslant C_{\text{L}_{\text{baseline}}} \\ \qquad \sigma_{\max} \leqslant \sigma_{\text{allowable}} = 350\text{MPa} \\ \qquad \delta_{\max} \leqslant \delta_{\text{allowable}} = 0.05 l_k \\ \qquad \boldsymbol{X} \in R^n \end{cases} \tag{6.6}$$

式中：权系数 W_1 和 W_2 代表设计者对升阻比和重量两个目标的重视程度，本书令 $W_1 = W_2 = 0.5$，即同等考虑升阻比和重量目标。Weight 代表翼面重量，升阻比为 $L/D = C_L/C_D$。下标 baseline 和 opt 分别代表初始值和最优值。

6.3 基于代理模型的翼面协同优化实现流程

6.3.1 基于代理模型的机翼协同优化方案

如图 6.3 所示，在确定优化框架后，本书利用代理模型对弹翼进行多学科优化设计的优化过程如下。

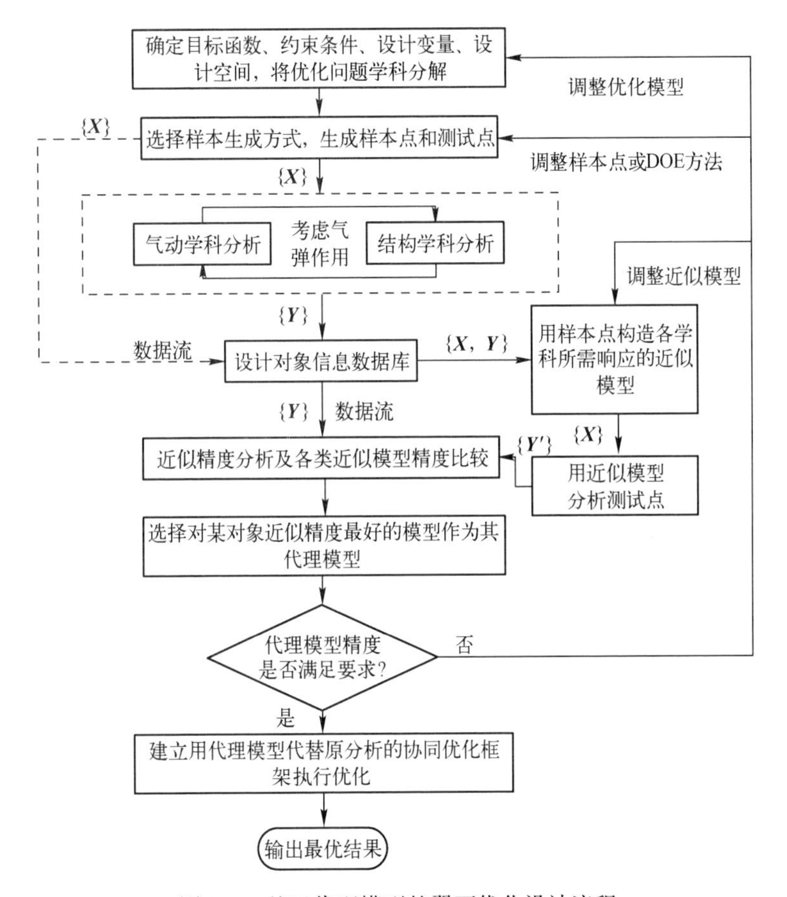

图 6.3 基于代理模型的翼面优化设计流程

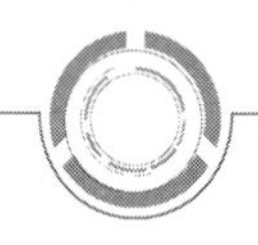

(1) 根据飞行状态确定弹翼设计变量各自的设计空间，按协同优化思想进行学科分解。

(2) 根据设计变量的规模选择正交设计，确定25个样本点。

(3) 对每个样本点进行飞行器气动弹性分析得到各子学科对应状态变量(包括升力C_L、升阻比L/D、最大应力σ_{max}、最大应变δ_{max}和机翼重量Weight)的响应量。

(4) 根据样本点获得的响应信息，采用二次响应面、Kriging模型和RBF神经网络近似函数作为待选近似技术，在样本点信息的基础上分别构造上述状态变量的近似模型。另外，给出若干个样本点作为测试点，用RSME和R^2作为精度评估标准对其做出综合评估后，选用RBF神经网络作为优化代理模型。

(5) 在iSIGHT平台上搭建协同优化框架，将响应面程序嵌入各级优化模块。各级优化均使用遗传算法和序列二次规划法的组合优化搜索算法进行搜索，考虑到序列二次规划法会引起协同优化算法的数值计算困难，利用松弛系数法对系统级优化一致性约束进行改变，松弛因子$\xi=0.00001$。给定一组设计点进行协同优化，启动计算后至迭代到满意的优化解。

6.3.2 学科分析模型

1. 翼面参数化几何建模

在优化设计的过程中，几何模型会因设计变量的变化而做出改动。若是采用传统的几何建模方式，每当几何外形发生变化时都必须重新绘制模型，严重降低了设计效率。基于参数化建模的几何模型将外形参数与几何属性关联，可以实现外形参数变化时几何模型自动更新，从而提高了设计效率。同时参数化建模还有利于提高模型的通用性，也有利于建立学科间的耦合关系。

就本书的优化体系而言，对翼面进行计算流体力学和计算结构动力学仿真都需要飞行器的几何模型。虽然在寻优过程中采用学科代理模型后因不需要仿真而不涉及几何模型重构，但是在构建代理模型时仍需大量设计点的仿真计算，所以本书仍然对翼面的几何模型进行了参数化处理。

本书选择UG-NX作为参数化建模的技术平台，在满足翼面参考面积不变的约束下，采用本书的6个设计变量来描述翼面外形。将各外形参数存于TXT

数据文件里，UG 建模软件会根据数据自动生成翼面和对应流域的几何模型，并以 IGS 格式分配给气动、结构学科进行仿真前处理和求解。图 6.4 是 UG 界面下几组不同设计变量的参数化几何模型。

图 6.4　翼面 UG 参数化几何模型

2. 气动学科分析

气动分析的目的是采用高精度的 CFD 模型进行流场计算，包括定常流场和非定常流场两部分，目的在于获得升力系数 C_L、阻力系数 C_D、升阻比 L/D 和翼面压力分布。

分析的工况是由飞行器弹道估算所得的到受力最危险的一个状态，即马赫数 $Ma=1.872$、攻角 aoa=2.55°、来流动压 $q=91507.08$Pa、当地温度 $T=282.6$K、当地密度 dencity=1.128kg/m^3。

由于这个组合没有对应的风洞试验值来验证流场仿真方案的合理性，所以工况最终选取了与之最接近的风洞试验点：马赫数 $Ma=1.79$，攻角 aoa=3°，来流动压 qbar=101325Pa，当地温度 $T=288.0$K，当地密度 dencity=1.000kg/m^3。

本书选择的流体解算器为 Fluent，前处理器为 Gambit，在进行基于 N-S 方程的 CFD 仿真时，通过第 2 章的研究，可知对该马赫数选择非结构网格和 SST k-ω湍流模型可以达到精度和效率的平衡，并使用网格加密来加速收敛。求解方式为耦合隐式求解定常流，耦合显式求解非定常流。

第 2、3 章的研究已证明气动仿真的精度满足要求。

3. 结构学科分析

结构学科的分析有两大目的：一是对翼面进行有限元分析来得到应力 σ_{max}

和输出质量 Weight;二是计算结构在流场传来的压力载荷作用下发生变形。在第 3 章中本书讨论了基于对翼面的气动/结构紧耦合时域分析,并以考虑了气动弹性现象后得到的升力系数和阻力系数作为优化的状态变量。

第 3 章对翼面颤振特性的研究表明,翼面是否发生颤振可由其位移响应曲线是否收敛来判断,利用本书第 3 章所发展的颤振仿真方案对设计点进行仿真,若位移收敛则说明没有发生颤振,输出此时的最大变形 δ_{max}。若不收敛则视为不合格点。因为此时没有所谓的最大位移收敛值,视最大变形 δ_{max} 输出为一个较大的值 100mm,使其不满足约束条件。然后通过代理模型的方式使设计变量可以拟合出其振动的趋势。然后通过对代理模型进行精度分析不断修改此值,直到满足一定的精度要求为止。以这个代理模型来参与优化虽然可能会错过真正的最优点,但是可以保证不发生气动弹性危害。

6.3.3 协同优化实现平台

1. 硬件系统

本书研究的硬件支持是一台主频 2.6GHz、单核的 PC,一台主频 2.6GHz、8 核的服务器组成。服务器的作用是作为各种商业软件的 Licence 服务器,并存储计算过程的中间数据,同时也是子学科的分析节点。

2. 软件系统

在本书优化流程中涉及的软、硬件设施及其作用如下。

(1) UG-NX。

UG-NX 是美国 UGS 公司推出的在世界范围内较为通用的计算机辅助设计和辅助制造的系统软件,本书对其应用是完成对导弹的参数化三维建模并对分析模型提供 IGS 格式的模型输入信息。定义翼面几何参数的信息可保存在 Excel 参数表中。

(2) Fluent 和 ANSYS。

Fluent 是目前国际上比较流行的商用 CFD 软件包,具有丰富的物理模型、先进的数值方法和强大的前后处理功能,本书对其应用是对飞行器进行基于 N-S 方程的流场计算,得到 C_L、C_D 和翼面表面压力。

ANSYS 是美国 ANSYS 公司开发的融结构、流体、电场、磁场、声场分析于一体的大型通用有限元分析软件,在本书中用来对翼面进行结构动力学分析。

两者并行求解所得到的考虑了气动弹性影响的 C_L、C_D、σ_{max}、δ_{max} 和 Weight 可保存在 Excel 中作为构建代理模型的样本输出值。

（3）Matlab。

Matlab 是美国 Math Works 公司开发的国际上流行的科学与工程计算软件工具。Matlab 在本书优化体系中起到的作用为构建及运行各学科代理模型。

（4）iSIGHT-FD。

iSIGHT-FD 是 Engineous Software 公司开发的一款作为集成设计和仿真框架的商业软件，其优化平台基于 Windows NT 及 UNIX 平台，可以实现与大多数商业分析软件的集成。在 iSIGHT 上搭建的翼面气动优化平台如图 6.5 所示。

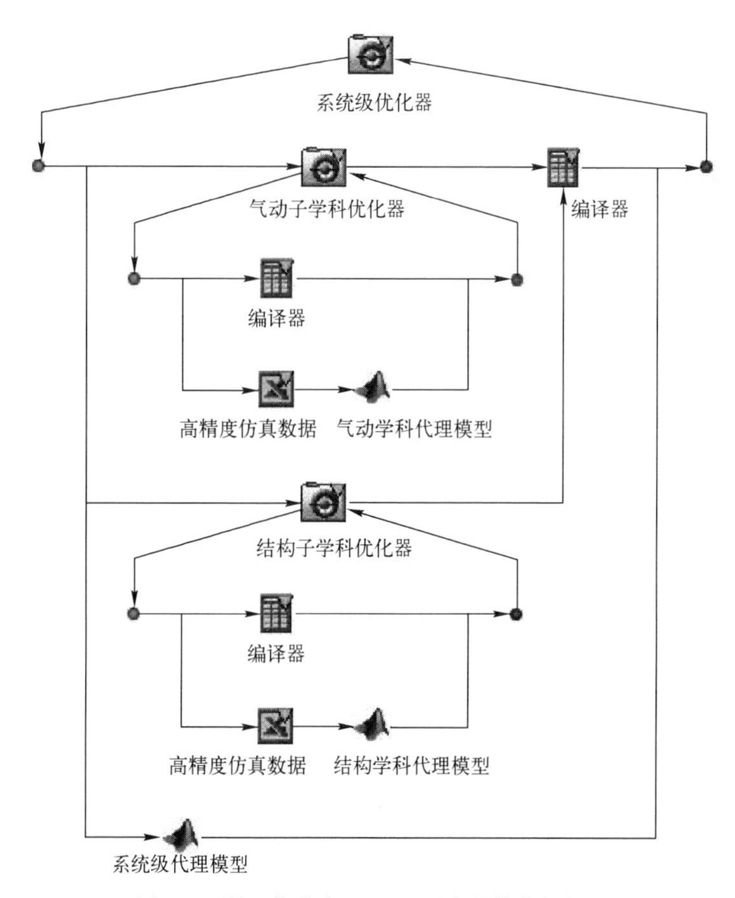

图 6.5 翼面优化在 iSIGHT 平台的优化框架图

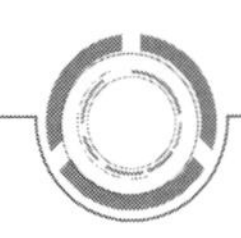

6.4 优化结果

为了检验优化的稳定性,除了以初始翼面参数为设计变量的迭代初值 $\boldsymbol{X}_0^0$ 外,在设计空间内随机选择了另外 3 个初值点,即 $\boldsymbol{X}_1^0$、$\boldsymbol{X}_2^0$、$\boldsymbol{X}_3^0$进行优化。

$$\boldsymbol{X}_1^0=(42.5,1.4,0.055,0.05,0.045,0.55)^{\mathrm{T}}$$

$$\boldsymbol{X}_2^0=(45.0,1.2,0.125,0.05,0.050,0.40)^{\mathrm{T}}$$

$$\boldsymbol{X}_3^0=(47.5,1.0,0.110,0.05,0.055,0.50)^{\mathrm{T}}$$

从图 6.6 中的迭代结果来看,翼面协同优化的数值稳定性较高,对不同的初值均收敛到最优解附近,这归功于采用了高效的组合优化搜索算法和使用松弛系数法改进了协同优化框架中的数值缺陷。

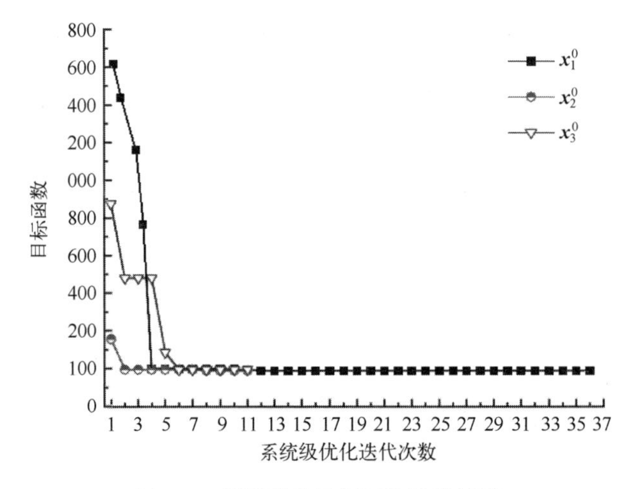

图 6.6　翼面优化目标函数迭代过程

优化后的弹翼重量减少了 7%,升阻比提高了 15%。翼面重量减少的因素是展弦比 λ 和前缘后掠角χ 的降低,以及前后缘特征比的增加。

升阻比提高的原因是优化后的弹翼厚度略有降低,使翼截面变得更扁,从而使局部激波位置后移而减小了波阻。

使用优化后的设计变量参数对翼面进行建模并进行了气动弹性分析,优化后的翼面与原结构在 50%弦线上的压力系数对比如图 6.7 所示。优化后翼面最大应力 $\sigma_{\max}$ 和变形 $\delta_{\max}$ 符合约束要求,其应力云图和变形云图如图 6.8 和图 6.9 所示。

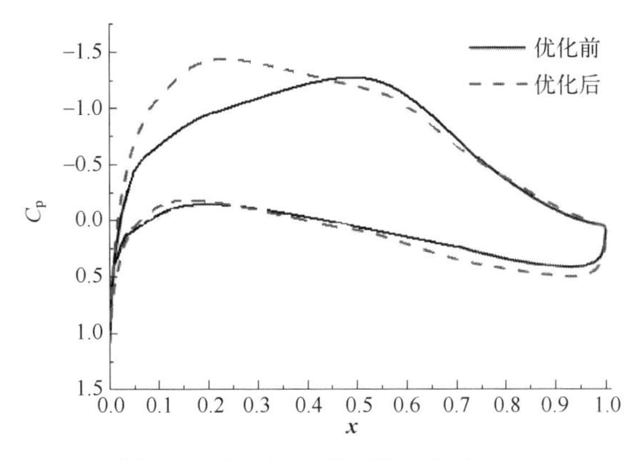

图 6.7　优化前后翼面压力系数对比

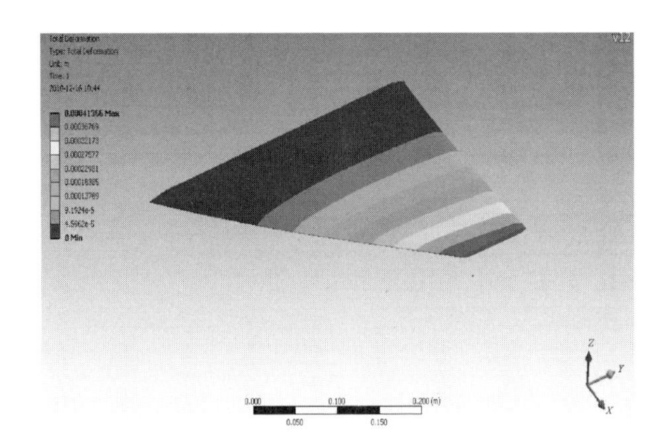

图 6.8　优化后翼面变形云图

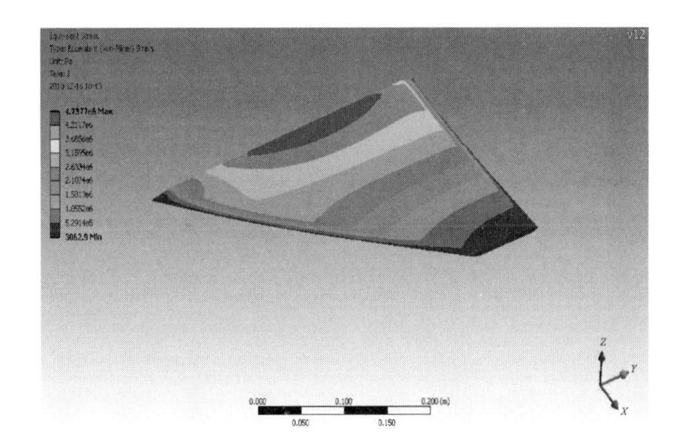

图 6.9　优化后翼面应力云图

6.5 本章小结

本章以飞行器翼面为优化对象,根据设计要求以翼面三维几何参数为设计变量,并按飞行器设计工程经验确定了设计空间和约束条件,以多目标加权和法实现本书提高升阻比和减重两个目标的优化,完成了优化问题的数学模型。

依据第3章对翼面气动弹性研究的结论,优化中的各气动参数均使用考虑了气弹现象后的仿真值以更符合实际飞行状况,并以动气弹仿真得出的变形量作为结构约束以避免颤振。

采用基于代理模型的协同优化框架和优化流程,在 iSIGHT 平台实现了翼面的气动/结构耦合多学科优化,优化结果表明,该优化流程具有较好的稳定性。由于考虑了气动弹性现象,优化结果更具有可信性。优化后的翼面较原有设计重量减少了7%,升阻比提高了15%。达到了设计要求。

参 考 文 献

[1] 王振国,陈小前,罗文彩,等. 飞行器多学科设计优化理论与应用研究 [M]. 长沙:国防科技大学出版社,2006. 2-6.

[2] Anon. Current State of the Art In Multidisciplinary Design Optimization [C],prepared by the MDO Technical Committee. AIAA,Sept. 1991.

[3] 詹浩,华俊,张仲寅. 考虑气动弹性变形影响的跨声速机翼设计方法研究 [J]. 空气动力学学报,1999,17(3).

[4] 董波,张晓东,郦正能. 干线客机机翼气动/结构综合设计研究 [J]. 北京航空航天大学学报,2002,28 (4).

[5] J. J. Korte,et al. Multidisciplinary Approach to Aerosplike Nozzle Design. 1997,2.

[6] Weston R. P. ,Townsent J. C. ,Edison T. M. ,and Gates R. L. . A Distributed Computing Environment for Multidisciplinary Design [J]. AIAA Journal ,1994.

[7] 余雄庆. 多学科设计算法及其在飞行设计中的应用研究 [D]:[博士学位论文]. 南京:南京航空航天大学,1999:24-56.

[8] 陈琪峰. 飞行器分布式协同进化多学科设计优化方法研究 [D]:[博士学位论文]. 长沙:国防科学技术大学,2003:24-39.

[9] 李响. 多学科设计优化方法及其在飞行器设计中的应用 [D]:[博士学位论文]. 西安:西北工业大学,2003:04-153.

[10] Joseph P. ,Giesing Jean-Francois,M. Barthelemy. A summary of industry MDO applications and needs [J]. AIAA Technical Report 1998. AIAA-1998-4737.

[11] Sobieszczanski-Sobieski J. The application of advanced multi - disciplinary analysis and optimization method to vechicles design synthesis. ICAS-90-2. 3. 4.

[12] 余雄庆,丁运亮. 多学科设计优化算法及其在飞行器设计中应用[J]. 航空学报,2000,21(1):1-6.

[13] Vladimir O. B. . Development of approximations for HSCT bending material weight using response surface methodology [D]:[PhD dissertation]. Virginia polytechnic institute and state university,1998.

[14] Ilan Kroo, Steve Altus, Robert Braun, et al. Multidisciplinary Optimization Methods for Aircraft Preliminary Design [C]. Fifth AIAA/USAF/NASA/ISSMO Symposium on Multidisciplinary Analysis and Optimization,AIAA 94-4325.

[15] Braun R. D. ,Kroo I. M. . Development and application of the Collaborative Optimization architecture in a multidisciplinary design environment. Multidisciplinary Design Optimization [C]. State of the Art, SIAM,1997.

[16] Braun R D,Moore A A,Kroo I M. Collaborative architecture for launch vehicle design [J]. Journal of Spacecraft and Rockets,1997,34(4):478-486.

[17] Sobieszczanski-Sobieski J, Agte J. , Sandusky J. R. . Bi-level Integrated System Synthesis (BLISS) [C]. AIAA 98-4916, 7th AIAA/USAF/NASA/ISSMO Symposium on Multidisciplinary Analysis and Optimization, 1998.

[18] 陈桂彬,邹丛青,杨超. 气动弹性设计基础 [M]. 北京:北京航空航天大学出版社,2004.

[19] Patil, M, J. et al. Nonlinear Aeroelasticity and Flight Dynamics of High-Altitude Long-Endurance Aircraft [J], AIAA Journal , 99-147.

[20] Clark W. S. , Hall Kenneth C. . A Time-Linearized Navier-Stockes Analysis of Stall Flutter [C], ASME Paper 99-GT 383.

[21] Manoj K. , Bhardwaj and Rakesh K. Kapania, et al. A CED/CSD Interaction Methodology for Aircraft Wings [C]. AIAA-98-4783.

[22] Raymond E. , Gordnier and Reid B. Melville. Tansonic Flutter Simulations Using an Implicit Aeroelastic Slover [J]. Journal of Aircraft, 2000, 37(5).

[23] Raymond E. Gordnier, Robert Fithen. Coupling of a nonlinear finite element structural method with a Navier-Stokes solver [J]. Computers and Structures, 2003, 81:75-89.

[24] 徐敏,安效明,陈士橹. 一种 CFD/CSD 耦合计算方法 [C]. 首届全国航空航天领域中的力学问题学术研讨会论文集(上册),2004.

[25] E. H. Dowell, J. P. Thomas, K. C. Hall. Transonic limit cycle oscillation analysis using reduced order aerodynamic models [J], Journal of Fluids and Structures, 2004, 19:17-27.

[26] 付德熏. 流体力学数值模拟 [M]. 长沙:国防科技大学出版社,1993.

[27] Richtmyer R. D, Morton K. W. . Difference Methods for Initial Value Problems [M]. Wiley-Interscience, 2nd edition, London, 1967.

[28] Hirsch C. . Numerical Computation of Internal and External Flows [M]. Vols. 1 and 2, John Wiley and Sons, 1988.

[29] Zienkiewicz, O. C. , Taylor R. L. . The Finite Element Method [M]. 4th edition, McGraw-Hill, Maindenhead, 1991.

[30] McDonald P. W. . The Computation of Transonic Flow through Two-Dimensional GasTurbine Cascades [C]. ASME Paper 71-GT-89, 1971.

[31] Gordon W. N. , Hall C. A. . Construction of Curvilinear Coordinate Systems and Application to Mesh Generation [J]. Methods in Engineering, 1973, 7:461-477.

[32] Choi Y. H. , Merkle C. L. . The Application of Preconditioning in Viscous Flows [J]. Computational Physics, 1993, 12:207-233.

[33] Thompson J. F. , Thames F. C. , Mastin C. W. . Automatic Numerical Generation of Body - Fitted Curvilinear Coordinate System for Field Containing any Number of Arbitrary Two-Dimensional Bodies [J]. Computational Physics, 1974, 15:299-319.

[34] Sorenson R. L. . A Computer Program to Generate Two-Dimensional Grids about Airfoils and other Shapes by the use of Poisson's Equation [R]. NASA TM-81198, 1980.

[35] Steger J. L. , Chaussee D. S. . Generation of Body-Fitted Coordinate Using Hyperbolic Partial Differential Equations [J]. Science of State , 1980, 1:431-437.

[36] Starius G. . Constructing Orthogonal Curvilinear Meshes by solving Initial Value Problems [J].

Numerische Mathematik,1977,28:25-48.

[37] Hsu K, Lee S. L.. A Numerical Technique for Two-Dimensional Grid Generation with Grid Control at all of the Boundaries [J]. Computational Physics,1991,96:451-469.

[38] Lee K. D.. 3-D Transonic Flow Computations Using Grid Systems with Block Structure [C]. AIAA Paper 81-998,1981.

[39] Rossow C. C.. Efficient Computation of Inviscid Flow Fields around Complex Configurations Using a Multiblock Multigrid Method [J]. Communications in Applied Numerical Methods,1992,8:735-747.

[40] Kuerten H., Geurts B.. Compressible Turbulent Flow Simulation with a Multigrid Multiblock Method [C]. Proc. 6th Copper Mountain Conf. on Multigrid Methods,1993.

[41] Chesshire G.., Henshaw W. D.. Composite Overlapping Meshes for the Solution of Partial Differential Equations [J]. Journal of Computational Physics,1990,90:1-64.

[42] Kao K. H., Liou M. S.. Grid Adaptation Using Chimera Composite Overlapping Meshes [J]. AIAA Journal.,1994,32:942-949.

[43] Lohner R., Parikh P.. Three-Dimensional Mesh Generation by Advancing Front Method [J]. Method in Fluids,1988,8:1135-1149.

[44] Batina J. T.. A Fast Implicit Upwind Solution. Algorithm for Three-Dimensional Unstructured Dynamic Meshes [C]. AIAA Paper 92-0447,1992.

[45] Andrd P. S., Michael B. G... Quasi-3-D Non-Reflecting Boundary Conditions for Euler Equations Calculations [C]. In AIAA 10th CFD Conference,1991.

[46] Noack R. W., Steinbrenner J. P.. A Three-Dimensional Hybrid Grid Generation Technique [C]. AIAA Paper 95-1684-CP, San Diego, CA, June 1995.

[47] 王飞. 基于数值风洞的火箭弹分离及减速运动研究 [D]:[博士学位论文]. 北京:北京理工大学,2007.

[48] 朱自强,吴子牛,李津. 应用计算流体力学 [M]. 北京:北京航空航天大学出版社,1998,8.

[49] 信永生. 格栅翼-身组合体亚声速气动特性研究 [D]:[博士学位论文]. 北京:北京理工大学机电工程学院,2006.

[50] Fluent. inc. FLUENT User's guide, January,2003.

[51] 信永生. 格栅翼-身组合体亚声速气动特性研究 [D]. 北京:北京理工大学机电工程学院,2006.

[52] 韩占忠,王敬,兰小平. FLUENT 流体工程仿真计算实例与应用 [M]. 北京:北京理工大学出版社,2004.

[53] 哈克布思 W. 多重网格方法 [M]. 北京:科学出版社,1988.

[54] Jameson A., Time-dependent calculations using multi-grid, with applications to unsteady flows past airfoils and wings [C]. AIAA paper,1991:91-1596.

[55] DE BOER C, VAN ZUIJLEN VAN AH, BIJL H.. Review of coupling methods for non-matching meshes [J]. Computer Methods in Applied Mechanics and Engineering,2007,196:1515-1525.

[56] FARHAT C, LESOINNEA M, LE TALLECH P.. Load and motion transfer algorithms for fluid/structure interaction problems with non-matching discrete interfaces: Momentum and energy conservation, optimal discretization and application to aeroelasticity [J]. Computer Methods in Applied Mechanics and Engineering,1998,157:95-114.

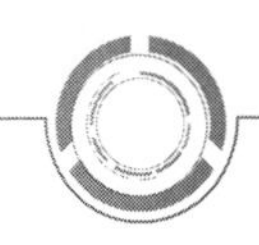

[57] JAIMAN R. K, JIAO X. , GEU BELLE P. H. , et al. Conservative load transfer along curved fluid-solid interface with non-matching meshes [J]. Journal of Computational Physics, 2006, 218:372-397.

[58] Yang G. W. , Obayashi S. , Nakamichi J. . Aileron buzz simulation using an implicit multibolk aeroelastic solver[J]. Journal of Aircraft, 2003, 40(3):580-589.

[59] GOURA G. . S. , BADCOCK K. J. , et al. A data exchange method for fluid-structure interaction problems [J]. The Aeronautical Journal, 2001, 105:215-221.

[60] 徐敏,安效民,陈士橹 . CFD/CSD 耦合计算研究[J]. 应用力学学报,2004,21(2):33-37.

[61] 徐敏,安效民,陈士橹 . 一种 CFD/CSD 耦合计算方法[J]. 航空学报,2006,27(1):33-37.

[62] Jameson A. , Time-dependent calculations using multi-grid, with applications to unsteady flows past airfoils and wings [C]. AIAA paper , 1991, 91-1596.

[63] Pulliam T. H. , Steger J. L. . Recent Improvements In Efficiency, Accuracy and Convergence for Implicit Approximate Factorization Algorithms [C]. AIAA paper 85-0360, 1985.

[64] Yoon S, Jameson A. . Lower-upper symmetric Gauss-Seidel method for the Euler and Navier-Stokers equation [J]. AIAA Journal, 1988, 26(9).

[65] Alonso J. J. and Jameson A. . Fully-implicit timemarching aeroelasticity solutions [C]. AIAA paper 94-0056, 1994.

[66] Gordnier R. E. and Melville R. B. . Transonic flutter simulations using an implicit aeroelastic solver [J]. Journal of Aircraft, 2000, 37(5):872-879.

[67] Farhat C. and Lesoinne M. . Fast Staggered Algorithms for the solution of Three-Dimensional Nonlinear Aeroelastic Problems [R]. AGARD SMP Meeting on Numerical Unsteady Aerodynamic and aeroelastic Simulation. 4-15 October 1997, Aalbord Denmark.

[68] Borland C. J. , Rizzetta, D. P. . Nonlinear transonic flutter analysis [J]. AIAA Journal, 1982, 20(11): 1606-1615.

[69] Edwards J. W. , Bennett R. M. , Whitlow W. , and Seidel D. . A Time-marching transonic flutter solutions including angle-of-attack effects [J]. Journal of Aircraft, 1983, 20(11):899-906.

[70] Robinson B. A. , Batina J. T. , Yang H. T. Y. . Aeroelastic analysis of wings using the Euler equations with a deformation mesh [R]. NASA TM-102733, 1990.

[71] E. C. Jr. Yates. AGARD Standard Aeroelastic Configurations for Dynamic Response I - Wing 445. 6. AGARD -R -765 [R], 1988.

[72] Kolonay, R. . M. . Unsteady aeroelastic optimization in the transonic regime[D]:[PhD dissertation]. Purdue University, 1996.

[73] Goura, G. S. L. . Time marching analysis of flutter using Computational Fluid Dynamics [D]:[PhD dissertation]. University of Glasgow, 2001.

[74] Montgomery D. C. . Design and analysis of experiments [M]. Beijing: Chinese Press of Statistics, 1998. 563-575.

[75] 余雄庆 . 飞行器多学科优化讲义 . [EB/OL]. 2004. http:// aircraftdesign. nuaa. edu. cn/MDO/.

[76] Mckay M. D. , Bechman R. J. , Conover W. J. . A Comparison of Three Method for Selecting Value of Input Variables in the Analysis of Output from a Computer Code [J]. Technomerics , 1979, 21(2):239-245.

[77] 方开泰,马长兴 . 正交与均匀试验设计 [M]. 北京:科学出版社,2001.

[78] 刘文卿．试验设计［M］．北京：清华大学出版社，2005.
[79] 杨德．实验设计与分析［M］．北京：中国农业出版，2002.
[80] Jin R. ,Chen W. ,Simpson T. W.. Comparative Studies of Metamodeling Techniques under Multiple Modeling Criterria [J]. Struct Multidisc Optim,2001,(23):1-13.
[81] Giunta. A. A.. Aircraft Multidisciplinary Design Optimization Using Design of Experiments Theory and Response Surface Modeling Methods[D]:[PhD dissertation]. Virginia Polytechnic Institute,May 1997:34-45.
[82] 陈国良，王煦法，庄镇泉，王东生．遗传算法及其应用［M］．北京：人民邮电出版社，1999.
[83] 夏露．飞行器外形气动/隐身综合优化设计方法研究［D］：［博士学位论文］．西安：西北工业大学，2004.
[84] 周明，孙树栋．遗传算法原理及应用［M］．北京：国防工业出版社，1999.
[85] 雷英杰，张善文，李续武，等．MATLAB 遗传算法工具箱及应用［M］．西安：西安电子科技大学出版社，2005.
[86] 徐成贤，陈志平，李乃成．近代优化方法［M］．北京：科学出版社，2002.
[87] 卢险峰．最优化方法应用基础［M］．上海：同济大学出版社，2003.
[88] R. D. Braun,A. A. Moors,I. M. Kroo. Collaborative Approach to Launch Vehicle Design,Journal of Spacecraft and Rockets [J]. 1997,34(4):478-486.
[89] I. P. Sobieski,I. M. Kroo. Collaborative Optimization Using Response Surface Estimation [J]. AIAA Journal,2000,38(10):1931-1938.
[90] ALEXANDROV N. M. ,LEWIS R. M.. Analytical and computat ional aspects of collaborative optimization for multidisciplinary design [J]. AIAA Journal,2002,40 (2):302-309.
[91] CORMIER T. , et al. Comparison of Collaborative Optimization to Conventional Design Techniques for conceptual RLV [C]. A IAA ,2000,24-85.
[92] 谷良贤，宋寒冰，龚春林．协作优化算法及其在飞行器设计中的应用［J］．弹箭与制导学报，2002. 9.
[93] Alexandrov N. M. ,Lewis R. M.. Analytical and Computational Aspects of Collaborative Optimization for Multidisciplinary Design [J]. AIAA Journal,2002,40 (2):301-309.
[94] Lin J. G.. Analysis and Enhancement of Collaborative Optimization for Multidisciplinary Design [J]. AIAA Journal,2004,42 (2):348-360.
[95] 李响，李为吉．基于超球近似子空间的协同优化方法及研究应用［J］．西北工业大学学报，2003，21(4):461-464.
[96] 韩明红．复杂工程系统多学科设计优化方法与技术研究［D］：［博士学位论文］．北京：北京航空航天大学，2004.
[97] 龙腾．飞行器多学科设计优化方法与集成平台研究［D］：［博士学位论文］．北京：北京理工大学，2009. 93.
[98] Xi Rui,Jia Hongguang. Time marching simulation of aeroelasticity using a coupled CFD-CSD Method [C]. 2011 The International Conference on Computer Control and Automation(ICCCA),2011. 3-4.
[99] 苗瑞生，居贤铭，吴甲生．导弹空气动力学［M］．北京：国防工业出版社，2006.

后　　记

本书采用了多学科设计优化思想对某近距离飞行器的翼面进行了优化设计。针对翼面的设计要求和飞行时的实际状况对翼面进行了气动参数计算和气动弹性仿真,并对高精度仿真的代理模型技术和优化搜索算法进行了研究和对比。在此基础上使用协同优化策略建立了一个考虑了翼面气动弹性对参数的影响并避免颤振破坏的优化方案,完成了以提高升阻比和减重为目标的翼面优化设计。本书的主要研究工作如下。

(1) 对飞行器进行了基于计算流体力学技术的流场仿真方案研究,对不同飞行工况进行了仿真,通过仿真结果与风洞试验的对比,确定了对流场仿真最为合理的设置方案,保证计算误差降低到10%以下。

(2) 发展了一种基于双时间步法和杂交线性多步法的计算流体力学/计算结构动力学时域耦合仿真方法对本书研究的翼面进行了气动弹性静态特性和动态特性仿真,并通过和颤振标模试验值进行对比,保证了该仿真方案的误差在10%以下。通过仿真结果发现考虑气弹效应后,本书优化所需气动参数 C_L、C_D 的值均下降约5%,与试验值更为接近,应作为优化中使用的状态变量。

(3) 针对本书气动弹性仿真方案计算量大的问题,对一些常用试验设计技术和近似方法原理进行研究,使用多项式响应面、RBF神经网络和Kriging方法为近似方法对翼面高精度分析分别建立了代理模型,并比较了其近似精度。确定了一种以RBF神经网络为近似方法的气动弹性仿真代理模型构建方案,使翼面优化中每一个状态变量的获取时间从20h左右降为1s左右。

(4) 针对本书设计要求建立了翼面的多目标优化数学模型,采用协同优化的思想对数学模型进行学科分解,并针对协同优化产生数值问题的原因提出了改进措施。针对本书的优化体系特点,对目前工程上常用的优化搜索算法进行了研究,并通过一组不同类型的算例研究了SUMT外点法、序列二次规划法、遗传算法和组合优化算法的优化性能。研究结果表明,序列二次规划法与遗传算法的组合算法的综合搜索能力最为优秀,可作为以翼面优化中采用的寻优策略。采用了松弛系数法对系统级优化约束条件进行了修正,以算例验证了该方法的有效性后应用于翼面协同优化，取得了稳定的收敛结果。

（5）应用基于 RBF 神经网络为代理模型的协同优化方法，建立了对飞行器翼面以提高升阻比和减小质量为目标，同时保证不发生气动弹性破坏的多学科优化方案。在 iSIGHT 框架下建立了基于该方案的多学科集成设计平台，并对翼面进行了优化，优化后的翼面较原有设计重量减少了 7%，升阻比提高了 15%。